JOURNEY TO HEART

"十四五"职业教育国家规划教材

浙江省"十四五"职业教育规划教材
中等职业教育专业技能课教材
中等职业教育中餐烹饪专业系列教材

中式面点综合实训

ZHONGSHI MIANDIAN ZONGHE SHIXUN（第2版）

主 编	仇杏梅		
副主编	陈 君	张桂芳	
参 编	钱小丽	魏燕丽	盛 超　黄佳波
	毛佳儿	王兰兰	韩 伟　严玉华
	成晓春	韩长慧	钟 凯　刘建坤
面点制作	仇杏梅	陈 君	
微课制作	仇杏梅		

U0279982

重庆大学出版社

内容提要

本书从中等职业教育中餐烹饪专业就业实践出发编写而成。本书共分7个项目，项目1为面点基本技能，项目2到项目5按照四大面团的分类独立成章，项目6为宴会面点实战技艺，项目7为精品油酥面点实战技艺。

项目1至项目7，每个项目下面有项目介绍、学习目标、项目实施，项目实施部分又分为几个子任务。为了方便学习，每个任务下面有主题知识、面点工作室、行家点拨、佳作欣赏、知识链接、拓展训练、任务评价以及学习与巩固等。先为理论阐述，后为实训操作，再评价再练习。实训课从易到难，体系完备。实践操作中，每个作品的制作过程都配有相应的操作实况图片，简单直观，再配以微课辅助教学，让学习者可以根据图片和采用手机扫码轻松学习。实训教学内容注重做中学、理论实践一体化，注重学生利用媒体库进行自主学习、个性化学习。知识链接为与该章节面点内容相关的历史故事、传说，增加了职高学生学习的趣味性，也为学生了解传统文化提供资料，提高学习者的人文素养，让学习者理解面点学习不仅仅是一种技能学习，更是一种文化的继承和创新。

本书不仅可以作为中等职业教育餐饮类专业教材使用，而且可以作为企业培训、技能提升人员培训用书。

图书在版编目（CIP）数据

中式面点综合实训 / 仇杏梅主编. -- 2版. -- 重庆：
重庆大学出版社，2023.8
中等职业教育中餐烹饪专业系列教材
ISBN 978-7-5624-8938-2

Ⅰ.①中… Ⅱ.①仇… Ⅲ.①面点—制作—中国—中
等专业学校—教材 Ⅳ.①TS972.116

中国版本图书馆CIP数据核字（2021）第247216号

中等职业教育中餐烹饪专业系列教材

中式面点综合实训（第2版）

主　　编　仇杏梅
副 主 编　陈　君　张桂芳
参　　编　钱小丽　魏燕丽　盛　超　黄佳波
　　　　　毛佳儿　王兰兰　韩　伟　严玉华
　　　　　成晓春　韩长慧　钟　凯　刘建坤
面点制作　仇杏梅　陈　君
微课制作　仇杏梅
责任编辑：陈亚莉　沈　静　版式设计：沈　静
责任校对：王　倩　　　　责任印制：张　策
*
重庆大学出版社出版发行
出版人：陈晓阳
社址：重庆市沙坪坝区大学城西路21号
邮编：401331
电话：（023）88617190　88617185（中小学）
传真：（023）88617186　88617166
网址：http://www.cqup.com.cn
邮箱：fxk@cqup.com.cn（营销中心）
全国新华书店经销
重庆长虹印务有限公司印刷
*
开本：787mm×1092mm　1/16　印张：15　字数：377千
2015年7月第1版　2023年8月第2版　2023年8月第10次印刷
印数：27 001—30 000
ISBN 978-7-5624-8938-2　定价：59.00元

中等职业教育中餐烹饪专业系列教材
主要编写学校

北京市劲松职业高中

北京市外事学校

上海市商贸旅游学校

上海市第二轻工业学校

广州市旅游商务职业学校

江苏旅游职业学院

扬州大学旅游烹饪学院

河北师范大学旅游学院

青岛烹饪职业学校

海南省商业学校

宁波市古林职业高级中学

云南省通海县职业高级中学（玉溪烹饪学校）

安徽省徽州学校

重庆市旅游学校

重庆商务职业学院

出版说明

　　2012年3月19日，教育部职成司印发《关于开展中等职业教育专业技能课教材选题立项工作的通知》（教职成司函〔2012〕35号），我社高度重视，根据通知精神认真组织申报，与全国40余家职教教材出版基地和有关行业出版社积极竞争。同年6月18日，教育部职业教育与成人教育司致函（教职成司函〔2012〕95号）重庆大学出版社，批准重庆大学出版社立项建设中餐烹饪专业中等职业教育专业技能课教材。这一选题获批立项后，作为国家一级出版社和教育部职教教材出版基地的重庆大学出版社珍惜机会，统筹协调，主动对接全国餐饮职业教育教学指导委员会（以下简称"全国餐饮行指委"），在编写学校邀请、主编遴选、编写创新等环节认真策划，投入大量精力，扎实有序推进各项工作。

　　在全国餐饮行指委的大力支持和指导下，我社面向全国邀请了中等职业学校中餐烹饪专业教学标准起草专家、餐饮行指委委员和委员所在学校的烹饪专家学者、一线骨干教师，以及餐饮企业专业人士，于2013年12月在重庆召开了"中等职业教育中餐烹饪专业立项教材编写会议"，来自全国15所学校30多名校领导、餐饮行指委委员、专业主任和一线骨干教师参加了会议。会议依据《中等职业学校中餐烹饪专业教学标准》，商讨确定了25种立项教材的书名、主编人选、编写体例、样章、编写要求，以及制作配套电子教学资源等一系列事宜，启动了书稿的撰写工作。

　　2014年4月，为解决立项教材各书编写内容交叉重复、编写体例不规范统一、编写理念偏差等问题，以及为保证本套立项教材的编写质量，我社在北京组织召开了"中等职业教育中餐烹饪专业立项教材审定会议"。会议邀请了时任全国餐饮行指委秘书长的桑建先生、扬州大学旅游烹饪学院路新国教授、北京联合大学旅游学院副院长王美萍教授和北京外事学校高级教师邓柏庚组成审稿专家组对各教材编写大纲和初稿进行了认真审定，对内容交叉重复的教材，在编写内容划分、表述侧重点等方面做了明确界定，要求各教材的知识内容及教学课时，要依据全国餐饮行指委研制、教育部审定的《中等职业学校中餐烹饪专业教学标准》严格执行，与各教材配套的电子教学资源坚持原创、尽量丰富，以便学校师生使用。

本套立项教材的书稿按出版计划陆续交到出版社后，我社随即安排精干力量对书稿的编辑加工、三审三校、排版印制等环节严格把关，精心安排，以保证教材的出版质量。此套立项教材第 1 版于 2015 年 5 月陆续出版发行，受到了全国广大职业院校师生的广泛欢迎及积极选用，产生了较好的社会影响。

在此套立项教材大部分使用 4 年多的基础上，为适应新时代要求，紧跟烹饪行业发展趋势，及时将产业发展的新技术、新工艺、新规范纳入教材内容，经出版社认真研究于 2020 年 3 月整体启动了此套教材的第 2 版全新修订工作。此次修订结合各校对第 1 版教材的使用反馈情况，在立德树人、课程思政、中职教育类型特点，以及教材的校企"双元"合作开发、新形态立体化、新型活页式、工作手册式、1+X 书证融通等方面做出积极探索实践，并始终坚持质量第一，内容原创优先，不断增强教材的适应性和先进性。

在本套教材的策划组织、立项申请、编写协调、修订再版等过程中，得到教育部职成司的信任、全国餐饮职业教育教学指导委员会的指导，还得到众多餐饮烹饪专家、各参编学校领导和老师们的大力支持，在此一并表示衷心感谢！我们相信此套立项教材的全新修订再版会继续得到全国中职学校烹饪专业师生的广泛欢迎，也诚恳希望各位读者多提改进意见，以便我们在今后继续修订完善。

重庆大学出版社

2021 年 7 月

前言

（第2版）

2015年，《中式面点综合实训》出版发行后，我国餐饮行业迈入高质量发展阶段。习近平总书记在2021年全国两会期间指出，高质量发展是"十四五"乃至更长时期我国经济社会发展的主题，关系我国社会主义现代化建设全局。随着西式面点的大量涌入，现代人对食材的"挑剔"，舌尖上的"苛刻"，促使我们不断思考中式面点新品种。与此同时，中餐烹饪实训教学方法和教学手段不断创新。面点教材应推陈出新，与时俱进，反映中式面点发展的前沿，适应餐饮行业发展新需求。为满足这些需求，我们的编写团队对本书进行了修订，出版了第2版。

在修订过程中，坚持以学生为中心，推出更多增强精神力量的优秀面点作品，展现中式面点精湛技艺，不断激发面点技艺创新创造活力，提升文化自信。本书具有以下特点。

1. 内容更新，与时俱进。根据企业实践的经验、行业调研以及多年教学反思积累，总结出适合中餐烹饪面点教学设计方案，形成个性化中式面点实训教学——标准化教学。研发了"新式茶壶酥"等20余种新面点品种，促使这一本改版后的面点品种精细化、艺术化、标准化、营养化、个性化。增强中华饮食文明传播力和影响力，推动中式面点更好地走向世界。

2. 形式更新，针对性强。自主开发了所有实训项目微课，手机扫码轻松学习。学生课前课后反复观看，以解决学生学得快、忘得快的问题。每个任务下面有主题知识、面点工作室、行家点拨、佳作欣赏、知识链接、拓展训练、任务评价以及学习与巩固等。先是理论阐述，后是实训操作，再评价，再练习。

3. 注重育人，融通培养。实训教材做中学、理论实践一体化，注重学生利用媒体库进行自主学习、个性化学习。知识链接与该章节面点内容相关的历史故事、传说，增加了学生学习的趣味性，为学生了解传统文化提供资料，提高学生的人文素养，让学生理解面点学习不仅仅是一种技能学习，更是一种文化的继承和创新。每一个主题知识中结合中式面点节气、习俗、营养等知识，将工匠精神、职业素养、劳动教育、技能提升潜移默化地渗入课程，积极落实爱国、幸福、绿色环保、民族情怀、社会责任。精准挖掘思政元素，如采用艾草汁着色制作团点，推广中医药食材，增强民族自豪感，突出中式面点幸福中国的自豪感和绿色环保社会责任感。

4.从企业需求出发，注重职业能力培养。本实训教材的总体设计思路是"一切从企业需求"出发，改变传统的教学观念，符合现代餐饮行业标准化、科学化的需求。围绕职业能力的形成组织课程内容，让学生通过完成学习项目来构建相关面点实训技能，并发展职业能力。本教材的特色：面点实训品种造型美观、精致，符合现代健康需求，同时，在面点内容上不断创新，将近些年行业、院校大赛作品改良，使之更加符合现代餐饮操作需求。

5.任务引领，注重创新拓展思维。为了充分体现任务引领、实践导向课程的思想，将本课程的教学活动分解设计成若干项目或工作情景，以项目为单位组织教学，从基本的面点技能到四大面团的实训，再到宴会面点综合实训、竞赛型油酥面点的创新，通过面点综合实训，逐步提升学生面点综合技能，提高学生独立工作能力，满足学生职业生涯发展的需要。佳作欣赏引导学生见微知著、内化认知、外化技能，拓宽视野和格局，树立良好的价值观，实现从"以教为主"向"以学为主""以练为主"的转变，促进学生会思、勤思、善思，将价值塑造、知识传授、能力培养三者融为一体。弘扬劳动精神、奋斗精神、奉献精神、创造精神、勤俭节约精神，培育时代新风新貌。

本课程建议课时为 216 学时。具体学时分配如下表（供参考）。

项目	课程内容	参考课时
一	面点基本技能	16
二	水调面团实战技艺	40
三	膨松面团实战技艺	36
四	油酥面团实战技艺	36
五	其他面团实战技艺	36
六	宴会面点实战技艺	16
七	精品油酥面点实战技艺	24 选修模块
	小计	204
	考核	4
	机动	8
	总计	216

本书由浙江省特级教师、宁波市古林职业高级中学面点正高级教师仇杏梅担任主编。四川省商务学校陈君，上海市商贸旅游学校张桂芳担任副主编。北京劲松职业高中成晓春，杭州市西湖职业高级中学毛佳儿，常州市高级职业技术学校严玉华，宁波市奉化区工贸旅游学校盛超，宁波市古林职业高级中学魏燕丽、黄佳波、王兰兰、韩伟，聊城高级财经职业学校韩长慧、钟凯，云南省通海县职业高级中学（玉溪烹饪学校）刘建坤，江苏旅游职业学院钱小丽参加了本书的编写。仇杏梅、陈君、张桂芳负责本书的统稿和修改，仇杏梅、陈君、张桂芳、魏燕丽、盛超、黄佳波、毛佳儿、王兰兰、韩伟、严玉华、钱小丽、成晓春、韩长慧、

钟凯、刘建坤负责本书具体内容的编写。具体分工如下：仇杏梅编写项目1、项目4；陈君、韩长慧、钟凯编写项目2、项目3；仇杏梅、张桂芳、盛超、黄佳波、毛佳儿、严玉华编写项目5；成晓春、刘建坤、陈君、仇杏梅、魏燕丽、王兰兰、韩伟、钱小丽编写项目6；仇杏梅、盛超、黄佳波、毛佳儿编写项目7。

本书编写过程中，参阅了大量的专家、学者的相关文献，得到了宁波市古林职业高级中学、四川省商务学校、上海市商贸旅游学校、北京市劲松职业高中、聊城高级财经职业学校、云南省通海县职业高级中学（玉溪烹饪学校）、杭州市西湖职业高级中学、常州市高级职业技术学校、宁波市奉化区工贸旅游学校、江苏旅游职业学院的帮助和支持，在此一并表示诚挚的谢意。

由于编者的水平有限，书中难免存在不足之处，敬请广大专家和读者批评指正，以便我们再版时修订、完善。

编　者

2023 年 1 月

前言

（第1版）

大力发展第三产业是党中央国务院转变经济发展方式的重要举措之一，餐饮行业在第三产业中有着举足轻重的地位。餐饮行业的飞速发展对烹饪人才的需求量与日俱增，中等职业学校中餐烹饪专业毕业生连续多年出现供不应求的局面。近年来，中式面点人才更是成为"香饽饽"。

《中式面点综合实训》是中等职业学校中餐烹饪专业的一门专业技能核心课程，本课程注重烹饪专业学生的自身特点和日后从业的行业要求，从面点的知识体系到每一项实训操作，都有着完整的体例，知识性、逻辑性、可操作性都有保障。实训操作内容，以项目教学为纬线，体系完备。主要让学生了解中式面点的基础知识，掌握中式面点制作的基本技术与工艺流程，面点制作符合中餐色泽、形态、口味、火候、质感等方面的质量要求。熟悉宴会面点制作技艺，提高学生的面点创新意识。通过本课程的综合训练，提升学生的职业能力，使学生具有一定的中式面点制作技能和创新意识，能够胜任餐饮企业面点部门的一般工作，为培养具有一定面点理论知识和操作技能的中级面点师打下扎实的基础。同时，为后续专门化方向课程学习作好前期准备。

本书总体设计思路是"一切从企业需求"出发，改变传统的教学观念，符合现代餐饮行业的需求，符合大众化、工业化、标准化、科学化。围绕职业能力的形成组织课程内容，让学生通过完成学习项目提高面点实训技能，发展职业能力。本书的特色是：面点实训品种造型美观、精致，符合现代健康需求。同时，在面点内容上不断创新，将近年来行业、院校大赛作品进行改良，使之更加符合现代餐饮的操作需求。

各个学习项目是根据行业专家对中式面点岗位任务和职业能力分析，以本专业共同具备的面点岗位职业能力为依据，以中式面点综合实训技能为主线设计的。学习项目包括中式面点的基础技能、四大面团中大众化面点品种实战技艺、宴会面点实战技艺以及部分竞赛精品油酥实战技艺等。课程内容遵循学生的认知规律，紧密结合行业对岗位知识的要求。

为了充分体现任务引领、实践导向课程的思想，将本课程的教学活动分解设计成若干项目或工作情景，以项目为单位组织教学，从基本的面点技能到四大面团的实训，再到宴会面点综合实训，最后到油酥面点的创新，通过具体综合实训，逐步提升学生面点综合技能，提高学生独立工作能力，满足学生职业生涯发展的需要。

本课程建议课时为 216 学时。具体学时分配如下表（供参考）。

项目	课程内容	参考课时
1	面点基本技能	16
2	水调面团实战技艺	40
3	膨松面团实战技艺	36
4	油酥面团实战技艺	36
5	其他面团实战技艺	36
6	宴会面点实战技艺	16
7	精品油酥面点实战技艺	24 选修模块
小　计		204
考　核		4
机　动		8
总　计		216

本书由浙江省专业技术能手、宁波市古林职业高级中学面点高级教师仇杏梅担任主编，四川省商务学校陈君，上海市商贸旅游学校张桂芳担任副主编。北京市劲松职业高中成晓春，聊城高级财经职业学校韩长慧、钟凯，云南省通海县职业高级中学刘建坤，北京市门头沟区中等职业学校刘蕊，江苏旅游职业学院钱小丽等参加了本书的编写。仇杏梅、陈君、张桂芳负责本书的统稿和修改，仇杏梅、陈君、张桂芳、钱小丽、成晓春、韩长慧、钟凯、刘建坤、刘蕊负责本书具体内容的编写。具体分工如下：仇杏梅编写项目 1、项目 4、项目 7；陈君、韩长慧、钟凯编写项目 2、项目 3；张桂芳、仇杏梅编写项目 5；成晓春、刘建坤、刘蕊、陈君、仇杏梅、钱小丽编写项目 6。

本书在编写过程中参阅了大量专家、学者的相关文献，得到了宁波市古林职业高级中学、四川省商务学校、上海市商贸旅游学校、北京市劲松职业高中、聊城高级财经职业学校、云南省通海县职业高级中学、北京市门头沟区中等职业学校的帮助和支持，在此一并表示诚挚的谢意。

由于编者的水平有限，书中难免存在不足之处，敬请广大专家和读者批评指正，以便我们再版时修订、完善。

编　者

2015 年 1 月

目录

contents

目录

contents

目录

contents

项目1
面点基本技能

项目介绍

在中式面点综合实训课程中，面点基本技能是学习面点技艺的基础，也是每个面点师实践操作的必备技能，包括和面、揉面、搓条、下剂、擀皮等。

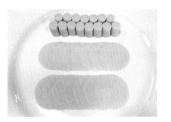

图 1.1　面点基本技能

学习目标

◇掌握面点操作的正确姿势。

◇熟悉面点制作的常用工具。

◇熟练掌握和面、揉面、搓条、下剂、擀皮的技艺及动作规范。

◇掌握手擀面的制作方法。

任务 1　和面——搓条

主题知识

中国烹饪技艺在餐饮行业中分为"红案"和"白案"两种。这里的"红案"是指菜肴制作，"白案"是指面点制作。面点制作又分为中式面点制作和西式面点制作，经过长期发展和人民群众的不断实践与创新，创制了造型精美、口味独特的中式面点，惠及世界数十亿人。

面点工作室

1.1.1　面点师着装和站立姿势

1）面点师着装

面点师的着装历来是白色上衣、工作帽，配上其他颜色的裤子和工作鞋。因为面点师的主要工作是加工、制作点心，所以工作时要求着装整齐、洁净，头发应束在工作帽中，不留长指甲，如图 1.2 和图 1.3 所示。具体应做到以下几点：

①上班时必须穿戴工作服、帽，穿着整齐。工作鞋以防滑、平跟、安全为宜。

②工作服应量体裁衣，防止过大或过小，以免影响操作。

③为方便管理，不同职务的面点师工作服应有所区别，如厨师长、副厨师长、主管的工作服应尽量增加简单的标识，同一级别面点师的着装颜色应保持一致。

④工作服应勤洗涤、勤更换，保持洁净、平整。

2）站立姿势

正确的操作姿势可以提高工作效率，预防职业病。面点师操作时的站立姿势应为：两脚稍分开，站成马步或者丁字步，上身要端正，略向前倾以便着力，不可左右倾斜，如图 1.4 所示。

图 1.2　面点师的着装　　　　　图 1.3　指甲要求　　　　　图 1.4　调面站立姿势

1.1.2　和面

和面是面点制作的首道工序，和面质量将直接影响成品质量。在调制不同用途的面团时,水温和加水量各不相同,如制作面条、饺子需要用冷水和面,制作花式蒸饺用温水和面,烧卖和锅贴则要采用开水烫面。初学者要根据面团的用途掌握好水温和加水量,并勤学勤练。

和面的方法。

用料:面粉 500 克,水 220 克。

先将 500 克面粉倒在面板上开窝,然后将 150 克水徐徐地倒在中间的凹坑内,将面揉成雪花状后再将 45 克水加入面团中调和均匀,最后将 25 克水加入面团调匀即成。和面的加水量根据用途不同而存在差异,一般而言,调制蒸饺面团,500 克面粉需加入 225～250 克 60 ℃左右的温水,而调制面条的面团,500 克面粉需加入 210～220 克冷水。另外,不同的面粉含水量也存在差异,调制时,需根据面团的用途适当增减水量。

和面可以采用手工和面和机器和面两种方法。手工和面一般有翻拌法、调和法、搅和法 3 种,如图 1.5、图 1.6 和图 1.7 所示。

图 1.5　翻拌法

图 1.6　调和法

图 1.7　搅和法

1）翻拌法

将面粉放入盆中开窝,倒入一定量的水,双手伸入盆内,从外向内,由下往上,反复翻拌成团。要求用力均匀适度,手不沾水,以粉推水,促使水、粉结合成团。翻拌法是北方点心应用最多的和面方法,适用于调制用量较大的各类面团。

2）调和法

将面粉放在案板上开窝,将水倒入坑内,一只手五指张开,从内向外和面,另一只手持刮板,将周围的面粉往中间推,边推边和,调和成团。要求手法灵活,动作迅速,不让水溢出。调和法是南方点心应用较多的和面方法,适用于调制用量较少的各类面团。

3）搅和法

将面粉放在盆内加水搅拌,或将面粉倒入煮沸的水锅中迅速搅拌,使水、面粉尽快混合均匀。一般适用于调制保暖性强的热水面团、米粉面团或稀薄的面浆、蛋浆等。

机器和面相对简单,容易操作,一般将所需要的原料按照比例投放在一起,启动机械设备调制即可。

1.1.3　学学练练

1）训练原料和工具

原料:中筋面粉 300 克,水 125 克。

工具：擀面杖、刮板。

主要原料和工具如图1.8所示。

2）训练内容：和面——搓条训练

①和面。先将300克中筋粉预留50克做散粉，其余250克倒在案板上，然后按照调和法进行操作，如图1.9所示。

②揉面。揉是使用最多、最基本的方法。采用双手掌根交替向前揉，也可以采用单手握面、推揉，揉面时面团光滑的一面在下，手推揉的一面为叠起接口处。揉面要揉"活"，先揉搓成团，用力先轻后重，将面揉均匀、揉透。揉完面后需要达到面光、手光、案板光的"三光"效果，如图1.10和图1.11所示。

图1.8 主要原料和工具　　　　　　图1.9 和面　　　　　　　　图1.10 揉面1

③饧面。将揉匀的面团用干净的湿布盖上，静置15分钟左右。

④搓条。将饧好的面团用双手手掌部分搓拉成粗细均匀的圆条。这是下剂前的一道工序。搓条要求条圆而光滑，粗细一致，如图1.12和图1.13所示。

图1.11 揉面2　　　　　　　　图1.12 搓条1　　　　　　　　图1.13 搓条2

3）操作要求

①揉面要把面团揉活，达到面光、手光和案板光的效果。

②揉至面团光滑有弹性即可。

③条粗细均匀，外表光洁。

④操作时用力适度、均匀，揉面有节奏感。

操 作 评 分 表				日期： _____年___月___日	
	项目	考核标准		配分	备注
通用项配分 （100分）	成团过程（30分）	操作流程规范，成形技法熟练，加水量适中，动作流畅			
	面团观感（50分）	面团光滑，达到"三光"的要求，软硬适中			
	上课纪律（10分）	服从指挥，认真学习，相互协作			
	安全卫生（10分）	注意安全操作规范，着装规范，设备、工具摆放有序，整洁大方，符合卫生要求			
合计					
成功点		注意点			
				评分人 _____	

🧁 行家点拨

1. 揉好的面团一般都要用干净的湿布盖上，以防止表面干燥、结皮、开裂。

2. 搓条需反复操练，如果遇到面干、手干、搓不开时，可以在手心加适量的水。

3. 揉面时，每次的加水量需按相应配方投放，防止所调制的面团过硬或过软，影响成品质量。

4. 一般面团成团时间为 5~6 分钟，调好的面团需饧 15 分钟左右，再进行揉搓更容易使面团表面光洁、有弹性。

🧁 知识链接

揉面是采用一定的手法，使面团达到均匀、柔润、光滑、具有弹性的过程，是调制面团的重要程序。主要有揉、捣、摔、擦、叠等手法。

1. 揉。揉是使用最多、最基本的方法，主要依靠手臂与手腕的力量，从内侧往外侧、由上向下用力揉搓的方法。揉面时，可以采用双手掌根交替向前揉，也可以采用单手握面、单手推揉。揉面时，光滑的一面在下，手推揉的一面为叠起接口处，揉面要揉"活"，只有这样，面团揉制时才能达到面光、手光、案板光的"三光"效果。

2. 捣。双手紧握成拳，在面团各处用力向下捣压成团的方法。捣适用于加工油条等需要劲力大的面团，要求捣匀、捣透。当面团捣压扁之后，可以将其叠拢后继续捣压。如此反复多次，直至面团捣透上劲。

3. 摔。用力摔打面团，使面团调制均匀的方法，常常用于调制拉面、油酥面团中的水油皮等。可以用双手抓住面团的一端，拿起后用力摔在案板上或盆中；也可以将面团搓成长条后，双手握住面团的两端，一边拉一边将面团中部摔在案板上，再将两端搅和，一手抓起另一端反复进行；或用一只手抓住面团的一端，举起后往下摔打在案板上，再换抓面团的另一端，照此方法反复操作直至面团达到制作要求。

4. 擦。主要用于加工油酥面团中的油酥和部分米粉面团。如油酥调制时将面和油混合，用手掌根部将面和油一边推一边擦，直至面和油混合均匀。

5. 叠。先将面团分割成两部分，再将一部分面团叠放在另一部分面团上的操作方法。一般适用于加工松酥类不易起劲的面团，如开口笑的制作。油酥面团在制作过程中也经常采用这种方法。

🧁 拓展训练

1. 反复练习和面、揉面、搓条并填写实习报告单。
2. 分析搓条成败的原因。

🧁 任务评价

和面、搓条的训练评价表						
任务	自我评价		小组评价		教师评价	
	时间	质量	时间	质量	时间	质量
和面						
搓条						

🧁 学习与巩固

1. 中国烹饪技艺在餐饮行业中有"红案"和"白案"之分。这里的"红案"是指_____，"白案"是指_____。
2. 面团揉制需达到"三光"的要求，即_____、_____、_____。

🧁 学习感想_____

_____

_____

任务 2 和面——擀皮

🧁 主题知识

擀皮是将下好的剂子根据工艺需要擀成所需厚薄的皮子的操作过程，擀皮是面点技艺中又一项重要的基本技能。因为皮子（又称坯皮）擀得好坏将直接影响成形的效果，所以初学者应反复练习。

🧁 面点工作室

1.2.1 常用工具和制皮手法

1）常用工具

①擀面杖。擀面杖是制作皮子时必不可少的工具。擀面杖的粗细、长短不等。一般来说，擀制面条、馄饨皮所用的擀面杖较长，用于油酥制皮或擀制烧饼的擀面杖较短，可根据需要选用。通心槌又称走槌，形似滚筒，中间空，使用时来回滚动。由于通心槌自身重量较大，擀皮时可以节省体力，是擀大块面团的首选工具，如用于大块油酥面团的起酥、卷形面点的制皮等。单手棍又称小面杖，一般长度为25～40厘米，有两头粗细一致的，也有中间稍粗两头稍细的，是擀饺子皮的专用工具，常用于点心的成形，如酥皮面点的成形。双手杖又称手面棍，一般长度为25～30厘米，两头稍细，中间稍粗，使用时两根并用，双手同时配合进行，常用于擀制烧卖皮、饺子皮。此外，还有橄榄杖、花棍等制皮工具。擀面杖如图1.14所示。

②刮板。刮板根据质地不同分为不锈钢刮板和塑料刮板。不锈钢刮板质地坚硬、锋利，对案板有较强的清理能力。塑料刮板轻便，容易清洁。

③馅挑。馅挑有竹馅挑、塑料馅挑等。主要用于上馅、协助成形等。

④其他工具。在具体实战训练过程中，还需要其他辅助工具和设备。辅助工具主要有抹刀、锯齿刀、粉筛、打蛋器、毛刷、小剪刀、象形模具等。设备主要有和面机、压面机、发酵箱、蒸笼等。面点常用工具如图1.15所示。

图 1.14　擀面杖　　　　　图 1.15　面点常用工具

2）常用制皮手法

制皮，就是将下好的剂子制成皮子，以便包馅成形。由于制品的要求不同，制皮的方法也各有不同，归纳起来有以下几种。

①擀皮。擀皮是最常用的也是最难掌握的制皮方法。擀皮是初学者必须掌握的基本功。不同用途的皮子，擀制的工具和方法不一样。擀皮子可以用单手棍或者双手棍。扬州常采用双手棍擀皮子，一分钟最多可以擀几十张皮子；而北方一些地区常采用单手擀皮子，可以将四五只剂子撒粉同时进行擀制，效率非常高，擀好的皮子为圆形，无毛边，呈中间厚边缘薄的金钱底状。擀烧卖皮一般需要用橄榄杖擀制，皮边成荷叶边。

②按皮。将下好的剂子竖立放在案板上，用手掌根部将剂子按成中间厚边缘稍薄的圆皮。适用于一般包子、菜包、馅饼等。

③拍皮。与按皮基本相似，即将剂子稍加整理，先压一下，再用手掌沿剂子周围拍，拍

成中间厚边缘稍薄的圆皮。拍皮也是制作包子类面点的常用方法。

④捏皮。先把剂子按扁，再用手指捏成圆窝形即可。捏皮适用于米粉面团制作汤团之类的面点。

⑤摊皮。摊皮是一种特殊的制皮方法，主要用于制作春卷皮。摊皮是将高沿锅或平底锅置于火上，火候要适当，再拿着面团不停地沿锅抖动，顺势向锅内摊成圆形皮，并迅速拿起面团继续抖动，待锅中的皮熟时取下即成。摊制的皮，要求形状圆整，厚薄均匀，大小一致。

⑥压皮。也是特殊的制皮法，就是将剂子竖立放在案板上，用工具自上而下压制而成。广式水晶虾饺就是采用这种方法制作皮子。

1.2.2 学学练练

1）训练原料和工具

原料：中筋粉 300 克，清水 125 克，同任务 1。

工具：擀面杖、刮板、毛巾等。

2）训练内容：擀饺皮训练

①和面、揉面、搓条训练，同任务 1。

②下剂。下剂就是将搓好的圆形长条，摘成 12 克左右的剂子，如图 1.16 所示。

③按皮。将下好的剂子用掌心部分斜 45° 按压成圆形皮子，如图 1.17 所示。

④擀皮。采用单手擀制皮子，右手持擀面杖，中心偏右侧，用大拇指控制擀面杖的前后运行，左手持剂子，右手每擀一次（用适量力度擀到剂子中心点，轻轻带回擀面杖），左手顺时针方向转动皮子一次，转动幅度要适当。将皮子擀成直径约为 7 厘米的圆皮即可，如图 1.18 所示。

图 1.16 下剂

图 1.17 按皮

图 1.18 擀皮

3）操作要求

①下剂时动作规范、果断，摘剂时以听见"啪"的响声为佳，摘好的剂子切面整齐。

②按压时剂子的横切面朝上，尽量按大按圆。

③皮子以边缘薄，中心略厚，无毛边并呈标准圆形为佳。

④将 250 克面粉调制成团，搓条，下 15 只剂子，擀 15 只圆皮，无剩余面团。用时约 15 分钟，根据需要可反复练习。

	项目	考核标准	配分	备注
通用项配分（100 分）	成团过程（30 分）	操作流程规范，成形技法熟练，加水量适中		
	下剂过程（50 分）	面团光滑，达到"三光"（面光、手光、案板光）		
	擀皮过程（20 分）	服从指挥，认真学习，相互协作		
合计				
成功点		注意点		

操 作 评 分 表　　日期：_____年___月___日

评分人 _____

🧁 行家点拨

1. 下剂是面点基本功之一，剂子的高度用右手大拇指的宽度作参考并加以控制，下好的剂子由左向右依次排列整齐，一般 8 只或者 10 只为一排。

2. 要掌握擀皮技巧，提升擀皮速度，需要反复计时操练。如 5 分钟擀皮速度练习，可以在课堂上多次反复操练。

3. 课后多观察饺子店、包子店以及网络视频观看专业师傅实战训练。

🧁 佳作欣赏

如图 1.19 和图 1.20 所示。

图 1.19　剂子　　　　　图 1.20　15 只剂子和 15 张圆皮

🧁 知识链接

下剂的方法主要有以下 3 种。

1. 摘剂。摘剂又称揪剂，是下剂的主要方法。具体方法是：左手握住剂条，大拇指与食指保持在同一平面，从虎口处露出一个剂子长度的剂条；右手的大拇指、食指和中指靠紧虎口捏住露出的剂条，顺势沿左手虎口揪下剂子。每揪下一个剂子，左手要趁势将剂条露出一个剂子的长度，并转动剂条 90°，摘下一个剂子。

2. 挖剂。具体方法是：将搓好的剂条拉直放在案板上，一只手按住，另一只手四指弯曲，从剂条下面伸入，顺势向上挖下剂子，然后按剂条的手趁势往后移动，让出一个剂子的截面，进而再挖第二个剂子，如此重复操作，如较软的发酵面团常采用此法下剂。

3. 切剂。主要用于卷制的剂条，不能搓条也不宜用其他方法下剂的面团。具体方法是：把剂条摊按成一定形状的面团，用刀切成大小均匀的剂子或剂块。如油条下剂、刀切馒头等。

其他方法有：拉剂、剁剂等，在具体面点制作实例中再做介绍。

其他制皮方法有：拍皮、按皮、摊皮等方法，一般采用按皮法。

拓展训练

1. 反复练习下剂、擀皮动作并填写实习报告单。
2. 分析下剂、擀皮的过程。

任务评价

下剂擀皮训练评价表

任务	自我评价		小组评价		教师评价	
	数量（20只）	质量	数量（20只）	质量	数量（20只）	质量
下剂						
擀皮						

学习与巩固

1. 擀面杖的种类很多，主要有_____，适合较大面团；还有_____、_____等。
2. 面点常用的制皮方法有_____、_____、_____、_____、_____、_____。

学习感想_____

_____

_____

任务 3 手擀面的训练

主题知识

在主食方面，我国南方人民喜欢米饭，而北方人民喜欢面食。手擀面是面点技术较为简单的品种，也是中式面点初级工考核内容之一。根据不同人群的喜好，可以在手擀面中添加鸡蛋、盐、食用碱等，以改善面条的营养成分、口感、质感，同时延长手擀面的保存时间。

🧁 面点工作室

1.3.1　面条的种类

①按材料分类可以分为：小麦粉（白面）面条、玉米面条、其他杂粮面条、混合材料的各种功能性面条。

②按制作工艺分类可以分为：手工制作面条、机器压延切条面条、挤压成形面条、现场挤压旋切面条等。

图 1.21　面条

③按产品形态分类可以分为：鲜面条、保鲜面条、挂面、各种造型面条、空心面条等。

④按食用方法分类可以分为：现场制作水煮面、速食面、蒸面、凉拌面、炒面等。

面条如图 1.21 所示。

1.3.2　手擀面的配方和制作流程

原料：中筋粉 500 克，清水 220 克。

工艺流程：和面 → 饧面 → 擀面 → 切面条 → 成形 → 煮制 → 捞起过凉待用。

1.3.3　学学练练

1）训练原料和工具

原料：中筋粉 200 克，鸡蛋 1 只，清水 30 克，淀粉 100 克。

工具：擀面杖、刮板、毛巾，主要工具和原料如图 1.22 所示。

2）训练内容

①和面、揉面训练同任务 1，如图 1.23 所示。

②饧面 20 分钟左右，将面团揉至光滑。再次饧面 30 分钟左右，如图 1.24 所示。将饧好的面团用擀面杖擀开，如图 1.25 所示。

图 1.22　主要工具和原料

图 1.23　和面、揉面

图 1.24　饧面后

图 1.25　擀开

③擀制面条。将饧好的面团取出放案板上，用擀面杖擀开，尽量擀大、擀圆，擀成3毫米厚的薄片，如图1.26和图1.27所示。

图1.26　擀制1　　　　　　　　　图1.27　擀制2

④切面条。将擀好的面片折叠成长条状，如图1.28所示。切成粗细均匀的面条，如图1.29所示。

⑤将切好的面条撒上干淀粉防粘连，待用，如图1.30所示。

图1.28　折叠　　　　　　图1.29　切面条　　　　　　图1.30　撒干淀粉

⑥煮制成熟。锅内加水上火烧开，将面条抖去散粉，分散下锅，煮约1分钟（可根据面条粗细或个人喜好适当调整煮制时间），面条浮起后捞起过凉装盘待用，如图1.31所示。

⑦根据个人喜好浇上菜码儿和炸酱即可。海鲜墨鱼汁炒面，如图1.32所示。排骨酱菠菜汁拌面，如图1.33所示。

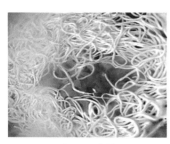

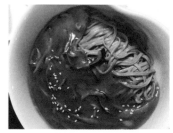

图1.31　煮制　　　　　图1.32　海鲜墨鱼汁炒面　　　　图1.33　排骨酱菠菜汁拌面

3）操作要求

①面团要调制得稍硬，成团后饧20分钟左右，继续揉至光滑，然后继续饧面30分钟。

②调制3人分量的面条，通常取350克面粉，两只鸡蛋，60克水。可加适量盐增强面团筋性。

③在擀制面条的过程中，散粉宜采用干淀粉。

④煮面条的水量宜多，并掌握好加热时间，时间过短，面条未熟，长时间加热则会使面

条失去筋性。

🧁行家点拨

1. 擀面过程中散粉宜采用干淀粉，这样煮出的面条比较爽滑。

2. 要掌握擀面技巧，提升擀面速度，需要反复练习。行业中大批量生产面条，常采用机械化生产。

3. 课后多观察面条店制作面条的过程。

🧁佳作欣赏

如图 1.34 所示。

图 1.34 西式拌面

🧁 知识链接

面条的由来

面条起源于我国汉代。那时面食统称为饼，因为面条要在"汤"中煮熟，所以又叫汤饼。早期面条的形状有片状、条状等。到了魏、晋、南北朝，面条的种类增多，比较著名的有《齐民要术》中收录的"水引""馎饦"。"水引"是将筷子般粗的面条压成"韭叶"形状；"馎饦"则是极薄的"滑美殊常"的面片。隋、唐、五代时期，面条的品种更多，有一种叫"冷淘"的过水凉面，风味独特，诗圣杜甫十分欣赏，称其"经齿冷于雪"。还有一种面条，韧劲特别强，有"湿面条可以系鞋带"的说法，被人称为"健康七妙"之一。宋、元时期，"挂面"出现了，如南宋临安市上就有猪羊庵生面以及多种素面出售。至明清时期，面条的花色更为繁多。

🧁 拓展训练

1. 反复练习手擀面制作过程并填写实习报告单。
2. 分析手擀面制作要点。

🧁 任务评价

<table>
<tr><th colspan="7">手擀面训练评价表</th></tr>
<tr><th rowspan="2">任务</th><th colspan="2">自我评价</th><th colspan="2">小组评价</th><th colspan="2">教师评价</th></tr>
<tr><th>制作时间</th><th>质量</th><th>制作时间</th><th>质量</th><th>制作时间</th><th>质量</th></tr>
<tr><td>面团</td><td></td><td></td><td></td><td></td><td></td><td></td></tr>
<tr><td>面条</td><td></td><td></td><td></td><td></td><td></td><td></td></tr>
</table>

🧁 学习与巩固

1. 我国面条起源于_____，四大面食是指_____、_____、_____、_____。
2. 手擀面煮制时是否需要点水？

🧁 学习感想_____

_____

_____

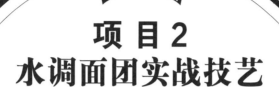

项目2
水调面团实战技艺

项目介绍

　　水调面团主要由面粉和水混合调制而成，又称"呆面""死面"。水调面团的特点是：组织严密，质地紧实，内无蜂窝孔洞，不膨胀，富有弹性、韧性和可塑性。熟制成成品后，爽滑筋道。根据调制面团时所用水温的不同，水调面团又分为冷水面团、温水面团和热水面团3种。由于3种面团调制时水温不同，面团特性不一样，成品效果也各不相同。

图 2.1　各式饺子

学习目标

◇了解 3 种水调面团的定义和特点。

◇熟悉 3 种水调面团的调制方法。

◇熟练掌握水饺、月牙饺的技艺和操作要领。

◇掌握 6 ～ 8 种花色蒸饺的制作方法。

任务 1　冷水面团——水饺的制作

主题知识

相传东汉末年，"医圣"张仲景任长沙太守时，有一年冬至的这一天，他看见南洋的老百姓饥寒交迫，两只耳朵冻伤，当时伤寒流行，病死的人很多。张仲景便在当地搭了一个医棚，支起一口大锅，煎煮羊肉、加上辣椒和祛寒提热的药材，把面皮包成耳朵形状，煮熟之后连汤带食赠送给老百姓。老百姓从冬至吃到除夕，抵御了伤寒，治好了冻耳。从此后人就模仿制作，称之为"饺耳"或"饺子"，也有一些地方称"扁食"或"烫面饺"。

水饺的制作

在我国北方有过年吃水饺的习俗，水饺演变到今天，有了许多造型。

面点工作室

2.1.1　冷水面团的定义和特点

冷水面团就是用 30 ℃以下的冷水调制的水调面团，俗称"呆面"（又称"死面"）。由于用冷水或温度较低的水和面，面粉中的蛋白质不能发生热变性，而且淀粉在低温下不会发生膨胀糊化，因此形成的面团紧实，韧性强，拉力大，呆板。

冷水面团的特点是：成品色泽较白，吃起来爽口、筋道、不易破碎，一般适合水煮和烙的食品，如水饺、各种面条、春卷、馄饨、烙饼等。

2.1.2　冷水面团的调制方法及配方

冷水面团的调制方法是将面粉倒入盆中或案板上，掺入冷水或温度较低的水，一边加水一边搅拌。分 3 次加水，第一次加总用水量的 70%，将面粉搓成"雪花面"；第二次加总用水量的 20%，将面和成团；第三次根据面团的软硬度加水，一般为总用水量的 10%。不要一次性把水掺入面粉，防止面粉一时吸收不了，将水溢出，造成水分流失，面团软硬不合适。根据制品的要求确定加水量，同时也要根据气候及面粉的吸水性等情况酌情增减水量。面团调制好后，放在案板上，盖上干净湿布（或者装入保鲜袋），静置一段时间，即"饧面"。饧面时间约为 15 分钟。

常见冷水面团制品的配方如下（以 500 克中筋粉为例）：

①水饺皮，加水 200~220 克，盐 3 克。

②春卷皮，加水 350~400 克。

③馄饨皮，加水 150~175 克。

④刀削面，加水 150~175 克。

⑤拉面，加水 250~300 克，另加盐 3~5 克，食用碱 5 克，水温冬温夏冷。

⑥小刀面，加水 120~130 克，鸡蛋 2 只，盐 3 克。

⑦拨鱼面，加水 300 克左右，盐 2~3 克。

2.1.3 学学练练

1）训练原料

中筋粉 300 克，清水 125 克，馅料等。

2）训练内容

①和面、揉面、饧面、搓条、下剂、擀饺皮，同项目 1 中的任务 2。

②包捏成形。

元宝饺：

将馅料放在饺皮中间，如图 2.2 所示。将饺皮对折，将中间捏拢，如图 2.3 所示。

图 2.2　练习上馅　　　　　　　　图 2.3　对折

用两手食指将饺皮向中间各推一折，如图 2.4 所示。全部合拢成元宝形，如图 2.5 所示。练习制作 20 只左右。

图 2.4　包捏成形　　　　　　　　图 2.5　元宝饺成品

木鱼饺：

上馅方法与元宝饺相同，用两手大拇指和其他手指配合包捏，如图 2.6 所示。包捏成木鱼饺，如图 2.7 所示。练习制作 20 只左右。

图 2.6　包捏成形　　　　　　　　图 2.7　木鱼饺成品

草帽饺：

上馅方法与元宝饺相同，将饺皮对合捏拢成半圆形，捏严实，成半圆形水饺，如图2.8所示。将半圆形水饺两头捏合，使之成为完整的圆形草帽饺，草帽饺成品如图2.9所示。练习制作20只左右。

图 2.8　饺皮对捏

图 2.9　草帽饺成品

3）操作要求

①面团要软硬适中，适宜包捏。

②饺皮光滑圆正。

③成形饱满，形态逼真。

④初学阶段可采用面团作馅，节约学习成本。

<table>
<tr><td colspan="4" style="text-align:center">操 作 评 分 表</td><td colspan="2">日期：_____年___月___日</td></tr>
<tr><td colspan="2">项目</td><td>考核标准</td><td>配分</td><td>备注</td></tr>
</table>

	项目	考核标准	配分	备注
通用项配分（100分）	成团过程（30分）	操作流程规范，调面技法正确，原料使用合理		
	作品观感（50分）	面皮圆整无毛边，形似元宝、木鱼、草帽		
	上课纪律（10分）	服从指挥，认真学习，相互协作		
	安全卫生（10分）	过程整洁卫生，个人着装、卫生符合要求		
合计				
成功点		注意点		
			评分人 _____	

🧁 行家点拨

1.元宝饺、木鱼饺、草帽饺都是将饺皮对折，然后按照一定的手法包捏成形。

2.水饺成形速度快，以简单、方便、美观、实用为佳。

3.水饺形状不拘一格，可以尝试其他形状。

🧁 佳作欣赏

如图2.10和图2.11所示。

图 2.10 元宝形水饺

图 2.11 木鱼形水饺

知识链接

调制冷水面团的注意事项：

1.水温恰当。一般水温控制在 30 ℃左右，夏季用冷水，冬季用略高于常温的水。必要时可加适量盐，增加面团的筋性和弹力，使成品爽滑筋道。

2.灵活掌握加水量。根据制品的要求、面粉本身的吸水性、当时的温度和湿度，分多次加水，不要一次性将水加足。

3.反复揉面直至"三光"。和成雪花面后，反复揉搓成团，使面筋形成网络，面团有弹性。通过揉搓，面团、案板和双手干净、光洁。如果采用刮板辅助调面，调完面团后刮板也要非常干净。

4.饧面时间得当。面团调好后，要放置一定的时间，让面筋充分吸水，从而有较好的延伸性。饧面时间过短，面团不易搓条，易回缩；饧面时间过长，面团稀软，无劲，甚至发酸。饧面时，最好用干净的湿布盖上，以防面团表皮干裂。饧面时间一般为 15~20 分钟。

拓展训练

1.反复练习制作元宝饺、木鱼饺、草帽饺并填写实习报告单。

2.分析 3 种水饺的制作过程。

任务评价

水饺训练评价表（A，B，C）			
评价方向 / 评价人	自我评价	小组评价	教师评价
数量			
大小			
色泽			
口感			

学习与巩固

1.冷水面团的调制温度为_____。一般用来制作_____、_____等品种。

2. 500 克面粉用来制作猪肉芹菜水饺，需要加冷水_____克调制面团。如果每只水饺皮重 12 克，500 克面粉可以加工水饺皮约_____只。

🧁 课后作业

家校信息反馈表			
学生姓名		联系电话	
面点名称	水饺训练	完成情况	
面点制作原料及过程（学生填）			
检查或品尝后的建议	家长（夜自修教师）签名： 日期：		

🧑‍🍳 任务 2　温水面团——月牙饺的制作

🧁 主题知识

　　用 50~60 ℃的温水调制而成的面团称为温水面团。由于水温高，水分子扩散快，面筋质地形成受到一定影响，而淀粉的吸水性却有所增加，部分淀粉糊化变性，面团具有黏性，也有韧性。这种面团的筋性、韧性、弹性低于冷水面，制成品的色泽次于冷水面团。

月牙蒸饺
（月牙饺）
的制作

🧁 面点工作室

2.2.1　温水面团特点

　　柔中有劲，富有可塑性，容易成形。熟制后不易走样，口感适中，色泽较白，特别适用于制作家常饼、闻喜饼、各种花色蒸饺，如月牙饺、一品饺、金鱼饺、四喜饺等。

2.2.2 温水面团的调制方法及配方

温水面的调制是将面粉放入盆中或案板上，加适量温度为 50 ~ 60 ℃的水。水温过高会引起淀粉糊化或蛋白质明显变性，面团黏性过大，成品易走样；水温过低则淀粉不膨胀，蛋白质不变性，面团韧性过大，成品吃口较硬。水温过高或过低都达不到成品的要求，加水量应按面粉的吸水性酌情增减，水和面充分结合，散尽热气，揉匀搓透，盖上湿布备用。

常见温水面团制品的配方如下（以 500 克中筋粉为例）：

①花式蒸饺：加水 220~250 克。

②家常饼：加水 300 克左右，盐 2~3 克。

③闻喜饼：加水 300~330 克。

2.2.3 学学练练

1）训练原料和工具

原料：中筋粉 300 克，温水 125 克，肉馅 300 克，葱末、姜末等各式调味品。主要原料如图 2.12 所示。

工具：擀面杖、刮板、馅挑、蒸笼等。主要工具如图 2.13 所示。

月牙饺（也叫月牙蒸饺）：蒸饺的一种，因采用蒸制加热方法得名，蒸饺馅心和煮饺馅心大体相同，但是要软一些，种类很多，大多数是鲜肉馅。

图 2.12　主要原料　　　　　　　　图 2.13　主要工具

2）训练内容

①调馅。肉馅放在盆内，放入生抽、老抽两种酱油搅匀定色，加少量蚝油和料酒，去腥增香，加盐定味（一般 500 克肉馅加 5 克盐），少量多次加水顺一个方向搅拌至肉馅上劲，放入葱末、姜末和麻油拌匀即可。

②先将面粉倒在案板上开窝，倒入温水，由里向外调制成雪花片状，如图 2.14 所示。再加适量温水调制成面团，饧面约 15 分钟，如图 2.15 所示。

图 2.14　和面　　　　　　　　　图 2.15　成团

③将饧好的面团搓条，下成 12 克左右的剂子，擀成直径 10 厘米、中间厚边缘薄的皮子。左手托皮，右手上馅，对折成半圆形，前面的皮略高于后面的皮子，用左手虎口托住上好馅的皮子，用右手的拇指与食指均匀地推捏出 16 ~ 24 道皱褶，如图 2.16 所示，即成半月形的月牙饺的生坯，如图 2.17 所示。

图 2.16 上馅

图 2.17 成形

④将包好的月牙饺生坯放入笼屉内，如图 2.18 所示。大火蒸 8 分钟，将蒸好的月牙饺摆入盘内即可食用，如图 2.19 所示。

图 2.18 上蒸笼

图 2.19 月牙饺成品

3）操作要求

①水温以 50~60 ℃为宜。
②面团的软硬要适中，否则不易操作。
③调制馅心时要少量多次加水并顺着一个方向搅拌至肉馅上劲。
④蒸制时间要适中。

操作评分表 日期：＿＿年＿月＿日				
	项目	考核标准	配分	备注
通用项配分（100 分）	调面过程（30 分）	操作流程规范，成形技法熟练，加水量适中		
	成形过程（50 分）	下剂、搓条、制皮动作熟练		
	包馅过程（10 分）	包捏的手法正确，皱褶以 16～24 道为佳		
	成品特点（10 分）	纹路清晰、均匀，形似月牙		
合计				
成功点		注意点		
			评分人 ＿＿＿＿＿＿	

🧁 行家点拨

1. 月牙饺包捏成形过程中，右手拇指要跟随食指向前移动，否则会出现破皮现象。
2. 掌握包捏的手法和技巧。

🧁 佳作欣赏

如图 2.20 所示。

图 2.20　精品月牙饺

🧁 知识链接

调制温水面团的注意事项。

1. 水温适当。温水面团的特点介于冷水面团和热水面团之间，水温过高或过低都会影响成品的口感和造型。因此，调制时要特别注意用水的温度。

2. 灵活掌握调制方法。温水面团有两种调制方法：一种是直接用温水来调制；另一种是先用热水调成雪花面（也称沸水打花），再洒冷水调制。

3. 面团要及时散热。采用"沸水打花"调制温水面团，应先将面团散尽热气，然后揉匀揉透。

🧁 复习训练

1. 反复练习月牙饺的成形，并填写实习报告单。
2. 分析月牙饺的制作过程。

🧁 任务评价

月牙饺训练评价表（A，B，C）			
评价方向／评价人	自我评价	小组评价	教师评价
数量			
大小			
色泽			
口感			

🧁 学习与巩固

1. 调制温水面团的水温为_____℃。一般用来制作_____、_____等品种。

2. 用 500 克面粉制作月牙饺，需要加_____克温水调制成面团。如果每只蒸饺皮重 12 克，500 克面粉可以加工月牙饺皮约_____只。

3. "沸水打花" 是指_____。温水面团调制注意点有_____、_____、_____。

🧁 课后作业

家校信息反馈表			
学生姓名		联系电话	
面点名称	月牙蒸饺	完成情况	
面点制作原料及过程（学生填）			
检查或品尝后的建议	家长（夜自修教师）签名： 日期：		

🍳 任务 3　温水面团——花边饺的制作

🧁 主题知识

　　花边饺是花色蒸饺的一种常见蒸饺。花边饺因成形时漂亮的皱褶花边而得名，多采用鲜肉馅，部分酒店采用什锦蔬菜馅，采用蒸制的方法成熟。

花边饺的制作

🧁 面点工作室

2.3.1　花色蒸饺的类型

　　花色蒸饺品种繁多，常见的花色蒸饺有 10 多种，一般分为象形类、几何图案类等。象形类如蜻蜓饺、金鱼饺、白菜饺、梅花饺，几何图案类如一品饺、四喜饺。按照等分分为 2

等分、3 等分、4 等分、5 等分、6 等分。2 等分如月牙饺、花边饺、眉毛饺；3 等分如一品饺、冠顶饺、三叶饺；4 等分如四喜饺、兰花饺；5 等分如梅花饺、白菜饺；6 等分如六角连环饺等。

2.3.2 学学练练

1）训练原料和工具

原料：中筋粉 300 克，温水 125 克，肉馅 300 克，葱末、姜末等各式调味品。主要原料如图 2.21 所示。

工具：擀面杖、刮板、馅挑、蒸笼等。主要工具如图 2.22 所示。

花边饺：

图 2.21　主要原料　　　　　　　　图 2.22　主要工具

2）训练内容

①调馅。将肉馅放在盆内，放入生抽、老抽两种酱油搅匀定色，加少量蚝油和料酒去腥增香，加盐定味（一般 500 克肉馅加 5 克盐），少量多次加水搅拌至上劲，放入葱末、姜末和麻油拌匀即可。

②将面粉倒在案板上开窝，倒入温水，由里向外调制成雪花片状，如图 2.23 所示。再加适量温水调制成面团，饧面约 15 分钟，如图 2.24 所示。

图 2.23　和面　　　　　　　　　　图 2.24　成团

③将饧好的面团搓条，下成每个重 12 克左右的剂子，擀成直径约 8 厘米、中间厚边缘薄的皮子，如图 2.25 所示。左手托皮，右手用馅挑上馅，如图 2.26 所示。

图 2.25　下剂、擀皮　　　　　　　图 2.26　上馅

④将皮子对折成半圆形，如图 2.27 所示。左手食指和大拇指托住上好馅的皮子，用右手的拇指与食指推捏出均匀的花边皱褶，即成花边饺生坯，如图 2.28 所示。

图 2.27　花边饺坯子

图 2.28　推捏花边

⑤将包好的花边饺生坯放入笼屉内，如图 2.29 所示。大火蒸 8 分钟，将蒸好的花边饺摆入盘内即可食用，如图 2.30 所示。

图 2.29　上笼蒸制

图 2.30　花边饺成品

3）操作要求

①面团的软硬要适中。
②馅心加水量适中。
③推捏花边时手指用力均匀。

操 作 评 分 表			日期：＿＿年＿月＿日	
	项目	考核标准	配分	备注
通用项配分（100分）	调面过程（30分）	操作流程规范，成形技法熟练，加水量适中		
	成形过程（50分）	下剂、搓条、制皮动作熟练		
	包馅过程（10分）	推捏的手法正确		
	成品特点（10分）	花边均匀，饺子饱满		
合计				
成功点		注意点		
			评分人＿＿＿＿＿	

🧁 行家点拨

1. 在花边饺的花边推捏过程中，右手拇指要跟随食指向前移动，否则会出现破皮现象。
2. 掌握推捏的手法及技巧。

🧁 佳作欣赏

如图 2.31 所示。

图 2.31　精品饺子

🧁 知识链接

饺子相传是中国东汉"医圣"张仲景首先发明的。深受老百姓的欢迎，民间有"好吃不过饺子"的俗语。饺子又称水饺，是中国北方的主食和地方小吃，也是年节食品。大年三十包饺子、吃饺子是过年最重要的内容之一。如今，饺子品种繁多，造型丰富，花色蒸饺是饺子中的精品品种。

🧁 复习训练

1. 反复练习花边饺的成形并填写实习报告单。
2. 分析花边饺的制作过程。

🧁 任务评价

花边饺训练评价表（A，B，C）			
评价方向 / 评价人	自我评价	小组评价	教师评价
数量			
大小			
色泽			
口感			

🧁 学习与巩固

1. 花边饺的制作手法是_____。这样的方法可以用来制作_____、_____等品种。
2. 2 等分的花色蒸饺有_____、_____。

🧁 课后作业

家校信息反馈表			
学生姓名		联系电话	
面点名称	花边饺	完成情况	
面点制作原料及过程（学生填）			
检查或品尝后的建议	家长（夜自修教师）签名： 日期：		

🧑‍🍳 任务 4　温水面团——眉毛饺的制作

🧁 主题知识

眉毛饺是中式面点中常见的花式蒸饺，尤其是江浙一带制作得更为精细。它以温水面团做皮，包上鲜肉馅捏成眉毛形状，蒸制而成。人们看到它，开心得眉飞色舞，故取名为"眉毛饺"。

眉毛饺的制作

蒸饺作为大众食品，同时也是面点中级工考核内容之一。根据各地不同的喜好，馅心的调制也是有所区别的。

🧁 面点工作室

2.4.1　眉毛饺的延伸

眉毛饺因形似眉毛而得名。眉毛饺的绞花边手法可以为草帽饺、鸳鸯饺、酥合等面点起到美化作用。绞花边手法与花边饺推花边手法都是面点制作中常见的操作技法，运用非常广泛。

2.4.2 学学练练

1）训练原料和工具

原料：中筋粉 300 克，温水 125 克，肉馅 300 克，葱末、姜末等各式调味品。主要原料如图 2.32 所示。

工具：擀面杖、刮板、馅挑、蒸笼等。主要工具如图 2.33 所示。

眉毛饺：

图 2.32　主要原料　　　　　　　　图 2.33　主要工具

2）训练内容

①调馅。将肉馅放在盆内，放入生抽、老抽两种酱油搅匀定色，加少量蚝油和料酒去腥增香，加盐定味（一般 500 克肉馅加 5 克盐），少量多次加水搅拌至上劲，放入葱末、姜末和麻油拌匀即可。

②先将面粉倒在案板上开窝，倒入适量温水，由里向外调制成雪花片状，再加适量水调制成面团，饧面约 15 分钟，如图 2.34 所示。将饧好的面团搓条，下成每个重 12 克左右的剂子，擀成直径约 8 厘米、中间厚边缘薄的皮子，如图 2.35 所示。

图 2.34　和面成团　　　　　　　图 2.35　下剂、擀皮

③左手托皮子，右手用馅挑上馅，如图 2.36 所示。将皮子对折成半圆形，其中一头塞进约 1/5，如图 2.37 所示。

图 2.36　上馅　　　　　　　　图 2.37　眉毛饺坯子

④左手食指和大拇指托住上好馅的皮子，右手的拇指与食指绞捏出均匀的花边皱褶，即成眉毛饺生坯，如图 2.38 所示。将眉毛饺生坯上笼蒸制 15 分钟，蒸好的眉毛饺摆入盘内即可食用，如图 2.39 所示。

图 2.38　绞花边

图 2.39　眉毛饺成品

3）操作要求

①面团的软硬要适中。
②馅心加水量适中。
③绞花边均匀。

操 作 评 分 表　　　日期：_____年__月__日

	项目	考核标准	配分	备注
通用项配分（100分）	调面过程（30分）	操作流程规范，成形技法熟练，加水量适中		
	成形过程（50分）	下剂、搓条、制皮动作熟练		
	包馅过程（10分）	绞捏的手法正确		
	成品特点（10分）	绞花边均匀，形似眉毛		
合计				
成功点		注意点		
			评分人 _____	

🧁 行家点拨

1. 在眉毛饺成形过程中，需双手配合，右手拇指要跟随食指向前均匀移动。
2. 掌握花边绞捏的手法及技巧。

🧁 佳作欣赏

如图 2.40 所示。

图 2.40　精品眉毛饺

知识链接

饺子是中国人民喜爱的传统特色食品，是常见的年节食品。现在饺子已成为中华美食的代表。饺子既可以采用煮的方法成熟，也可以采用蒸、煎、炸的方法成熟。花色蒸饺采用温水面团做皮，配以不同的馅心，运用不同手法制作而成。成品形态逼真，寓意丰富，它的每一部分，无不蕴涵着渊远流长的优秀民族文化，表达着人们对美好生活的向往。

复习训练

1. 反复练习眉毛饺的成形，并填写实习报告单。
2. 分析眉毛饺的制作过程。

任务评价

眉毛饺训练评价表（A，B，C）			
评价方向／评价人	自我评价	小组评价	教师评价
数量			
大小			
色泽			
口感			

学习与巩固

1. 眉毛饺的制作手法是_____。绞花边的手法可以用来制作_____、_____等品种。
2. 3 等分的花色蒸饺有_____、_____。

家校信息反馈表			
学生姓名		联系电话	
面点名称	眉毛饺	完成情况	
面点制作原料 及过程 （学生填）			
检查或品尝后 的建议	家长（夜自修教师）签名： 日期：		

任务 5　温水面团——一品饺的制作

🧁 主题知识

一品饺一般由红、绿、黑（或白）3 种颜色的馅心相配，色泽鲜艳，美观悦目。一品饺适宜用温水面团制作，是宴席中常用的花色蒸饺之一。一品本指封建社会的最高官阶，餐饮业借用此词来形容菜点的名贵高档。

一品饺的制作

🧁 面点工作室

2.5.1　一品饺的制作特点

剂子要均匀等分，3 大孔和 3 小孔，应保持形状大小一致，馅心要填满平口，填充的 5 种颜色的馅心要搭配得当。

2.5.2　学学练练

1）训练原料和工具

原料：中筋粉 300 克，温水 125 克，肉馅 300 克，葱末、姜末、鸡蛋黄末、鸡蛋白末、黑木耳末、胡萝卜末等。主要原料如图 2.41 所示。

工具：擀面杖、刮板、馅挑、蒸笼等。主要工具如图 2.42 所示。

一品饺：

图 2.41　主要原料

图 2.42　主要工具

2）训练内容

①调馅。将肉馅放在盆内，放入生抽、老抽两种酱油搅匀定色，加少量蚝油，加料酒去腥，加盐定味（一般 500 克肉馅加 5 克盐），少量多次加水搅拌至上劲，放入葱末、姜末和麻油拌匀即可。

②先将面粉倒在案板上开窝，倒入温水，由里向外调制成雪花片状，再加适量温水调制成面团，饧面约 15 分钟，如图 2.43 所示。将饧好的面团搓条，下成 12 克左右的剂子，擀成直径 10 厘米、中间厚边缘薄的皮子，如图 2.44 所示。

③左手托皮，右手上馅，如图 2.45 所示。用双手拇指和食指配合，将饺皮 3 等分拢上，如图 2.46 所示。

④中间捏紧成 3 个大的孔洞，每个孔洞的一边与另一个孔洞的一边粘住，如图 2.47 所示。捏成外面 3 大孔里面 3 小孔的（成里外大小 6 孔）形状，如图 2.48 所示。

图 2.43　和面成团

图 2.44　下剂擀皮

图 2.45　上馅

图 2.46　3 等分

图 2.47　两两相合

图 2.48　成里外大小六孔

⑤角上捏尖，并在 3 个大孔洞中填满鸡蛋黄末、鸡蛋白末、胡萝卜末（或者黑木耳末）三色馅心，即成一品饺生坯，如图 2.49 所示。将一品饺生坯放入蒸笼大火蒸制 8 分钟，将蒸

好的一品饺摆入盘内，如图 2.50 所示。

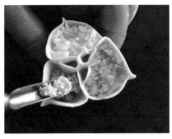 

图 2.49　点缀　　　　　　　　　　图 2.50　一品饺成品

3）操作要求

①一品饺面团要略硬，成品才能挺立。

②剂子不宜过大，馅心量要视品种而定。

③蒸制时间不能太长，否则成品易变形塌陷。

操 作 评 分 表

日期：＿＿＿＿年＿＿月＿＿日

	项目	考核标准	配分	备注
通用项配分（100分）	调面过程（30分）	操作流程规范，成形技法熟练，加水量适中		
	成形过程（50分）	下剂、搓条、制皮动作熟练		
	包馅过程（10分）	3 等分，形似一品		
	成品特点（10分）	口味咸鲜，色彩艳丽，造型美观		
合计				
成功点		注意点		

评分人 ＿＿＿＿＿＿＿＿＿

🧁 行家点拨

1.掌握 3 等分的手法和技巧。

2.把馅心按实，与饺皮上边缘齐平。

🧁 佳作欣赏

如图 2.51 所示。

图 2.51　三叶饺

知识链接

小麦经磨制加工后即成为面粉，也称小麦粉。面粉中所含营养物质主要是淀粉，其次有蛋白质、脂肪、维生素、矿物质等。根据面粉的加工精度和不同用途分为等级粉和专用粉两大类：

1.等级粉。根据加工精度的不同，可分为特制粉、标准粉、普通粉 3 类。

2.专用粉。专用粉是利用特殊品种的小麦磨制而成的面粉。或根据不同的用途在等级粉的基础上加入食用增白剂、食用膨松剂、食用香精及其他成分，混合均匀而成的面粉。专用粉的种类多样，配方精确，质量稳定，为提高劳动效率、制作较好的面点提供了质量良好的原料。

复习训练

1.反复练习一品饺的成形，并填写实习报告单。

2.分析一品饺的制作过程。

任务评价

一品饺训练评价表（A，B，C）			
评价方向 / 评价人	自我评价	小组评价	教师评价
数量			
大小			
色泽			
口感			

学习与巩固

1.一品饺具有色彩鲜艳、＿＿＿＿＿＿、＿＿＿＿＿＿、＿＿＿＿＿＿等特点。

2.3 等分的蒸饺有＿＿＿＿＿＿、＿＿＿＿＿＿。

家校信息反馈表			
学生姓名		联系电话	
面点名称	一品饺	完成情况	
面点制作原料 及过程 （学生填）			
检查或品尝后 的建议		家长（夜自修教师）签名： 日期：	

任务6 温水面团——四喜饺的制作

🧁 主题知识

四喜饺是一道很受欢迎的传统美食，它由饺子演变而来。"四喜"指的是蒸饺中所放入的4种颜色的馅心，寓意"四喜临门"。

四喜饺的制作

🧁 面点工作室

2.6.1 四喜饺的制作方法

调制温水面团，饧面15分钟。搓条、下剂，每只剂子重15克左右。擀成直径12~14厘米、中间略厚边缘薄的皮子。另取相同大小剂子搓成圆球，包入饺皮，用双手大拇指和食指将饺皮4等分，再两两相合，中间留4个眼，边上4个眼，成四喜形。点缀4种颜色的馅心，如鸡蛋黄末、鸡蛋白末、胡萝卜末、黑木耳末。

2.6.2 学学练练

1）训练原料和工具

原料：中筋粉300克，温水125克，肉馅500克，鸡蛋黄末、鸡蛋白末、胡萝卜末、黑木耳末各50克。主要原料如图2.52所示。

工具：擀面杖、刮板、馅挑、蒸笼、中号U型槽刀等。主要工具如图2.53所示。

四喜蒸饺：

四喜蒸饺因采用蒸制加热方法而得名，蒸饺馅心和煮饺馅心大体相同，但是蒸饺馅心要软一些，种类较多，大多数是鲜肉馅。

图2.52 主要原料

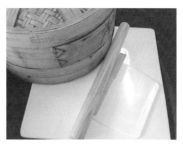

图2.53 主要工具

2）训练内容

①和面。调制温水面团，饧面15分钟，如图2.54所示。将饧好的面团搓条下剂，每只剂子重15克左右，擀成直径12~14厘米、中间略厚边缘薄的皮子，如图2.55所示。

②上鲜肉馅。上鲜肉馅成4等分，如图2.56所示。中间捏实，再两两相合，中间成4个小孔，如图2.57所示。

③成形。点缀4种颜色的馅心，即鸡蛋黄末、鸡蛋白末、胡萝卜末、黑木耳末，压实，如图2.58所示。上笼大火蒸8分钟即可食用，如图2.59所示。

图2.54 和面

图2.55 擀皮

图2.56 上鲜肉馅成4等分

图2.57 4等分后两两相合

图2.58 点缀

图2.59 四喜饺成品

梅花饺：

梅花饺是花式蒸饺的品种之一，它是用温水面团做皮，包上鲜肉馅，叠捏成5大5小的孔洞，在5个大孔洞中装入5种不同颜色的馅心，寓意福禄寿喜，表达了劳动人民对美好生活的憧憬和向往。由于温水面团具有可塑性，它既能保证制品形状的挺括性，又能保证制品的柔韧性，特别适用于制作各种造型点心。梅花饺5孔匀称，注重色彩搭配，口味咸鲜。

①和面、搓条、下剂、擀皮同四喜饺。成形：将饧好的面团搓条下剂，擀成直径 12 厘米、中间厚边缘薄的圆皮，左手托皮，右手上馅，如图 2.60 所示。中间捏实，再两两相合，中间成 5 个小孔，如图 2.61 所示。

图 2.60　5 等分

图 2.61　成形

②点缀一种颜色的馅心，即鸡蛋黄末（也可换成鸡蛋白末或胡萝卜末或黑木耳末），压实，即成梅花饺生坯，如图 2.62 所示。将梅花饺生坯放入蒸笼大火蒸制 8 分钟即可出笼装盘，如图 2.63 所示。

图 2.62　点缀

图 2.63　梅花饺成品

3）操作要求

①温水面团软硬适中，适宜包捏，蒸制后不变形。

②皮子大小适中，中间略厚于边缘。

③包捏手法熟练，等分均匀，成品形态逼真。

操 作 评 分 表

日期：＿＿＿＿年＿＿月＿＿日

	项目	考核标准	配分	备注
通用项配分（100 分）	成形过程（30 分）	操作流程规范，成形技法熟练，点缀馅心使用适中，色泽搭配恰当，无串料		
	作品观感（50 分）	面皮圆整，无毛边，直径 12～14 厘米，形似四喜、梅花，点缀平整美观		
	上课纪律（10 分）	服从指挥，认真学习，相互协作		
	安全卫生（10 分）	操作过程整洁卫生，个人着装、卫生符合要求		
合计				
成功点		注意点		
			评分人＿＿＿＿＿＿	

行家点拨

1.初学者可采用面团做馅心，以节约学习成本。待熟练后采用鲜肉馅，并且加以点缀，点缀馅料平整，上笼大火蒸 6~8 分钟即可。

2.需要不断练习双手食指和大拇指的灵活度，以达到蒸饺等分均匀的完美效果。

佳作欣赏

如图 2.64 和图 2.65 所示。

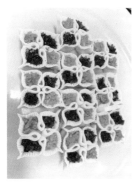

图 2.64　精品四喜饺 1　　　　图 2.65　精品四喜饺 2

知识链接

兰花饺的制作方法：和面至擀皮同四喜饺做法，上馅 4 等分同四喜饺做法，将 4 条边分别捏拢，用小剪刀将每边剪两下，使之两两相合，在 4 个边上再剪出齿轮状，如图 2.66 和图 2.67 所示。

图 2.66　兰花饺的制作　　　　图 2.67　兰花饺

复习训练

1.反复练习 3 等分、4 等分、5 等分的蒸饺，并填写实习报告单。

2.分析几种蒸饺的制作过程。运用这种方法还可以制作哪些蒸饺？

🧁 任务评价

四喜饺、梅花饺训练评价表（A，B，C）			
评价方向／评价人	自我评价	小组评价	教师评价
数量			
大小			
色泽			
口感			

🧁 学习与巩固

1. "四喜"是指蒸饺中放入的 4 种颜色的_____，寓意"四喜临门"。4 种点缀馅心可以是_____、_____、_____和_____。

2. 梅花饺_____，注重色彩搭配，口味鲜美。

🧁 课后作业

家校信息反馈表			
学生姓名		联系电话	
面点名称	四喜饺 梅花饺	完成情况	
面点制作原料及过程（学生填）			
检查或品尝后的建议	家长（夜自修教师）签名： 日期：		

任务 7　温水面团——金鱼饺的制作

🧁 主题知识

金鱼蒸饺
的制作

金鱼饺（也叫金鱼蒸饺）是中式点心中常见的花式蒸饺之一，尤以江苏、上海等地制作得更为精细，它是以温水面团做皮，包入鲜肉馅捏成金鱼形状，经蒸制再加上点缀而成，具有形似金鱼，制作精细，造型逼真，口味鲜美的特点，一般用作宴席点心。

🧁 面点工作室

2.7.1　金鱼饺的简介

金鱼饺是蒸饺的一种，是一道象形而精致的点心。金鱼饺采用蒸制加热的方法得名，蒸饺馅心和煮饺馅心大体相同，但是蒸饺馅心要软一些，种类很多，大多数是鲜肉馅。

2.7.2　金鱼饺的配方和制作流程

1）配方

中筋粉 300 克，肉馅 300 克，姜末 5 克，料酒 10 克，生抽酱油 35 克，老抽酱油 12 克，白糖 20 克，鸡粉 5 克，盐 5 克，葱 15 克，麻油 10 克，冷水、温水等适量。

2）制作流程

调馅→和面→揉面→搓条→下剂→制皮→上馅→成形→成熟→点缀装盘。

2.7.3　学学练练

1）训练原料和工具

原料：中筋粉 300 克，温水 125 克，肉馅 300 克，鸡蛋黄末、鸡蛋白末、胡萝卜末以及各式调料等。主要原料如图 2.68 所示。

工具：擀面杖、刮板、馅挑、蒸笼等。主要工具如图 2.69 所示。

图 2.68　主要原料　　　　图 2.69　主要工具

2）训练内容

①调制馅心。将肉馅放在盆内，放入姜末、料酒、生抽酱油、老抽酱油、白糖、鸡粉搅拌均匀，加水并顺着一个方向搅拌至肉馅上劲，加入盐、色拉油拌匀，使用时加入葱末、麻油即可。

②调制面团。先将面粉倒在案板上开窝，倒入温水，由里向外调制成雪花片状，再加适量水调制成温水面团，饧面约15分钟，如图2.70所示。将饧好的面团揉光搓条，揪成每个重12克左右的剂子，按扁后单手擀制成直径为8厘米左右的圆皮，如图2.71所示。

图 2.70　面团成团

图 2.71　下剂擀皮

③上馅。将面皮对称向上提起，前端的1/4面皮用尖头筷子夹出3个小孔并与中间的两边相粘连，做成鱼嘴和鱼眼睛，如图2.72所示。用尖头筷子夹住圆皮的中间，将馅心往鱼身部推，捏拢，把后端面皮按扁成扇面形，推捏花边，点缀上鸡蛋黄末和胡萝卜末，如图2.73所示。上笼大火蒸制8分钟即可成熟。

图 2.72　上馅收口

图 2.73　金鱼饺成品

3）操作要求

①调制面团时，要和得稍硬一些。
②每只剂子的重量一致，制品才能大小均匀。
③蒸制的时间要恰当。

	项目	考核标准	配分	备注
通用项配分 （100分）	成形过程（30分）	操作适中流程规范，成形技法熟练，点缀馅心使用适中，色泽搭配恰当，无串料		
	作品观感（50分）	面皮圆整无毛边，直径12～14厘米，形似金鱼，点缀馅心平整美观		
	上课纪律（10分）	服从指挥，认真学习，相互协作		
	安全卫生（10分）	制作过程整洁卫生，个人着装、卫生符合要求		
合计				
成功点		注意点		
			评分人 _____	

🧁 行家点拨

在制作金鱼饺时，要多观察金鱼的形状，把金鱼的形状做"活"，不要将每一个金鱼都做成一个姿态，要做到活灵活现，才符合要求。

🧁 佳作欣赏

如图 2.74 和图 2.75 所示。

图 2.74　虎兆丰年饺　　　　　　　　　　图 2.75　虎兆丰年饺 2

🧁 知识链接

饺子既可以采用煮的方法成熟，也可以采用蒸、炸的方法成熟。花式蒸饺是采用温水面团做皮，配以不同的馅心，运用不同手法制作成造型丰富、形态逼真、寓意美好的各种动植物。它的每一部分，无不蕴涵着优秀的民族传统文化，表达着人们对美好生活的向往。金鱼饺是我国人民喜爱的特色食品，是宴席点心的代表品种。

拓展训练

1. 反复练习金鱼饺的成形并填写实习报告单。
2. 分析金鱼饺的制作过程。

任务评价

金鱼饺训练评价表（A，B，C）			
评价方向／评价人	自我评价	小组评价	教师评价
数量			
大小			
色泽			
口感			

学习与巩固

1. 调制金鱼蒸饺面团水的温度是＿＿＿＿＿＿℃。
2. 调制金鱼蒸饺面团应稍硬，原因是＿＿＿＿＿＿＿＿＿＿＿＿＿。

课后作业

家校信息反馈表			
学生姓名		联系电话	
面点名称	金鱼饺	完成情况	
面点制作原料及过程（学生填）			
检查或品尝后的建议	家长（夜自修教师）签名： 日期：		

任务8 温水面团——冠顶饺的制作

主题知识

饺子是深受我国人民喜爱的传统特色食品，饺子又称水饺，是我国北方民间的主食和地方小吃，也是年节食品。有一句民谣叫："大寒小寒，吃饺子过年。"饺子形状众多，其中冠顶饺因制作复杂、技术要求高成为蒸饺中的精品。因为翻出的边像小船，故又名"金山三船饺"。

冠顶饺的制作

面点工作室

2.8.1 冠顶饺特点

温水面团柔中有劲，富有可塑性，容易成形，熟制后不易走样，口味咸鲜。点缀红樱桃，衬托饺子晶莹剔透，油润溢香，馅鲜皮软，形似鸡冠。

2.8.2 学学练练

1）训练原料和工具

原料：中筋粉300克，温水125克，肉馅300克，葱末、姜末等各式调味品。主要原料如图2.76所示。

工具：擀面杖、刮板、馅挑、蒸笼等。主要工具如图2.77所示。

图 2.76 主要原料　　　　　　图 2.77 主要工具

2）训练内容

①调馅。将肉馅放在盆内，放入生抽、老抽两种酱油搅匀定色，加少量蚝油和酒去腥提鲜，加盐定味（一般500克肉馅加5克盐），少量多次加水搅拌至肉馅上劲，放入葱末、姜末和麻油拌匀即可。

②先将面粉倒在案板上开窝，倒入温水，由里向外调制成雪花片状，再加适量水调制成面团，饧面15分钟，如图2.78所示。将饧好的面团搓条，下成15克左右的剂子，擀成12厘米直径、中间厚边缘薄的圆皮，如图2.79所示。

图2.78 和面成团

图2.79 下剂擀皮

③将饺皮折成三角形，如图2.80所示。翻转底作面，包入调好的肉馅，如图2.81所示。

④将饺皮的三个角头掀起合拢成三角包袱状，合拢时的合口要捏紧、捏正，成为三道直角且尖顶向上的饺坯，如图2.82所示。将饺坯三道边推捏出波浪花边（类似花边饺推花边），如图2.83所示。

图2.80 折三角形

图2.81 上馅

图2.82 包捏成形

图2.83 推花边

⑤将波浪花边旁的饺皮分别略向上翻，如图2.84所示。饺子顶尖上点缀红樱桃，即成冠顶饺生坯。先将包好的冠顶饺生坯放入笼屉大火蒸制8分钟，再将蒸好的冠顶饺摆入盘内即可食用，如图2.85所示。

图2.84 冠顶饺生坯

图2.85 冠顶饺成品

3）操作要求

①冠顶饺在制作过程中，皮子必须擀制均匀。

②将成形的冠顶饺生坯上笼大火蒸8分钟即可。

③冠顶饺可以采用澄面烫面，包入虾肉馅心。

操 作 评 分 表			日期：_____年__月__日		
	项目	考核标准		配分	备注
通用项配分 （100分）	调面过程（30分）	操作流程规范，成形技法熟练，加水量适中			
	成形过程（50分）	下剂、搓条、制皮动作熟练			
	包馅过程（10分）	包捏手法正确，推捏花边均匀			
	成品特点（10分）	三条花纹清晰、均匀，形似金字塔			
合计					
成功点		注意点			
			评分人 _____		

🧁 行家点拨

1. 饺皮相对比较大些，3 等分时撒些散粉，防止包捏过程中粘连。
2. 掌握推花边的推捏手法及技巧。

🧁 佳作欣赏

如图 2.86 所示。

图 2.86 白菜饺

🧁 知识链接

白菜饺的制作方法如图 2.87 和图 2.88 所示。

图 2.87 白菜饺—5 等分

图 2.88 白菜饺—推花边

🧁 复习训练

1. 反复练习冠顶饺的成形并填写实习报告单。
2. 分析冠顶饺的制作过程。

🧁 任务评价

冠顶饺训练评价表（A，B，C）			
评价方向／评价人	自我评价	小组评价	教师评价
数量			
大小			
色泽			
口感			

🧁 学习与巩固

1. 冠顶饺又称为_____，饺子顶端用_____点缀。
2. 冠顶饺具有晶莹剔透、_____、_____、_____等特点。

🧁 课后作业

家校信息反馈表			
学生姓名		联系电话	
面点名称	冠顶饺	完成情况	
面点制作原料及过程（学生填）			
检查或品尝后的建议	家长（夜自修教师）签名： 日期：		

任务9 热水面团——烧卖的制作

主题知识

烧卖，又称烧麦、稍麦、稍梅、烧梅、鬼蓬头，顶端膨松束折如花，是一种以烫面为皮裹馅上笼蒸熟的面食小吃。形如石榴，洁白晶莹，馅多皮薄，清香可口。烧卖历史悠久。江浙一带把它叫作烧卖，而北京等地则将它称为烧麦。烧卖既是地方风味小吃，也可作为宴席佳肴。

烧卖的制作

面点工作室

2.9.1 热水面团的定义和特点

热水面团，又称沸水面团或烫面，是用80 ℃以上水调面。在热水的作用下，面粉中的蛋白质凝固，面筋质被破坏，因此面团无筋性。同时，面粉中的淀粉吸收大量水分，膨胀变成糊状并分解出单糖和双糖，因此面团具有黏性。

热水面团的特点是：柔软较糯、黏性好，成品呈半透明状，色泽较差，但口感细腻，富有甜味，加热容易成熟。热水面团适宜制作烧卖、锅贴等。

2.9.2 热水面团的调制方法及配方

热水面团的调制方法是将面粉倒入盆内或案板上开窝，加入80 ℃以上热水用擀面杖搅拌，一边倒水，一边搅拌，在冬季搅拌动作要快，使面粉均匀烫熟。最后一次揉面时，必须洒上冷水再揉成面团，使制品吃起来糯而不黏牙。面团和好后，需切成小块摊开散发热气，冷却后再揉成团盖上湿布备用。

常见热水面团制品的配方如下（以500克中筋粉为例）。

制作各种烧卖的面团加水250克左右，制作锅贴的面团加水225克左右。

2.9.3 热水面团调制的注意事项

1）热水要浇匀浇透

目前，酒店多采用机器和面，水温相对要高一些，面团也容易调匀调透。

2）加水恰当

在调制过程中，水量应一次掺完掺足，不能在成团后再加热水调制，因为成团后补加热水再揉，很难揉得均匀。如面团太软，重新掺粉调制，也不容易调制匀，还影响面团性质，而且成品黏牙。

3）必须洒上冷水

冷水洒得适量，首先方便用手揉面，不至于太烫；其次是成品吃起来软糯，不黏牙。

4）散热及时

将和好的面团切成小块摊开散去热气，防止做出的成品结皮，表面粗糙，影响成品质量。

2.9.4 学学练练

1）训练原料和工具

原料：中筋粉 500 克，热水 120 克，糯米 500 克，五花肉 180 克，冬笋 50 克，水发香菇 50 克，生抽酱油 40 克，老抽酱油 10 克，绵白糖 30 克，葱 10 克，姜 10 克，料酒 10 克，盐 5 克，味精 3 克，鸡粉 3 克。

工具：擀面杖、刮板、毛巾、馅挑等。主要工具如图 2.89 所示。

图 2.89　主要工具

2）训练内容

①调制馅心。将糯米淘洗干净，用冷水浸泡至酥软，上笼蒸熟，五花肉煨熟切丁，冬笋切丁焯水，水发香菇切丁，锅烧热，先加入底油、葱姜略炒，烹入料酒，再依次加入肉丁、笋丁、香菇丁、汤，然后加入生抽酱油、老抽酱油、盐、鸡粉、白糖调味，倒入蒸熟的糯米饭，收汤后放入大油炒拌，盛起加入味精成馅待用，如图 2.90 所示。

②将面粉倒在案板上开窝，加入热水调成雪片状，淋少许冷水揉成团，撕成小块，摊开晾凉，再揉成团，搓条、下剂、按皮，如图 2.91 所示。擀烧卖皮（如果没有条件可擀饺皮代替），上糯米馅，如图 2.92 所示。

图 2.90　糯米馅

图 2.91　下剂、按皮

图 2.92　上糯米馅

③成形。左手托住坯皮，右手塌入馅心，一边塌一边转动坯皮，使烧麦颈部放入左手虎口中，不断调整形状，刮去多余馅心，渐渐收口，如图 2.93 所示。使之成石榴形烧卖生坯，如图 2.94 所示。

图 2.93　上馅收口　　　　　　　　图 2.94　烧卖生坯

④成熟。将包好的烧卖生坯上笼大火蒸 8 分钟，如图 2.95 所示。将蒸好的烧卖摆入盘内，如图 2.96 所示。

图 2.95　上笼蒸制　　　　　　　　图 2.96　糯米烧卖成品

3）操作要求

①糯米要浸泡透，否则易夹生。
②面团的软硬度要适中，便于擀皮起褶。
③调制烧卖面团的水温必须要在 80 ℃以上。
④擀皮时双手所用的力度是不一样的，一定要多练习，多体会。

操 作 评 分 表

日期：_____年__月__日

	项目	考核标准	配分	备注
通用项配分 （100分）	成形过程（30分）	操作流程规范，成形技法熟练，灶台操作流畅		
	作品观感（50分）	形似花瓶，皮边皱褶均匀，吃口咸鲜带甜，油润软糯		
	上课纪律（10分）	服从指挥，认真学习，相互协作		
	安全卫生（10分）	制作过程整洁卫生，注意用火安全，灶台卫生符合要求		
合计				
成功点		注意点		

评分人 _____

🧁**行家点拨**

烧麦皮的擀制方法：

将调制好的面团搓条，搓成每个重 12 克左右的剂子。用橄榄形面杖擀制，剂子上撒上干粉，将擀面杖放在剂子上，双手拇指控制擀面杖的两端。先将剂子擀成厚薄均匀的圆皮，再将着力点移向一边，前进时右手向前下方压，左手跟着跑，回头时左手下压，右手跟着跑，带动剂子转动，形成菊花瓣形直径约 12 厘米的烧麦皮。

包馅前，烧卖皮上的面粉要抖净，烧卖收口要整齐，褶皱分布均匀，口要微张开，蒸制的时间要恰当，否则成品会变形。

🧁 佳作欣赏

如图 2.97 所示。

图 2.97　五彩翡翠烧麦

🧁 知识链接

烧卖的由来

烧卖，北京叫烧麦，是一种中式点心。烧卖的发展历史不算长，最早见于清代《桐桥倚棹录》。最有名的烧卖馆是北京的"都一处"，于1738年开业。据说有一年除夕，乾隆皇帝私访通州回京，路过此店，吃了一顿烧麦，味道十分鲜美，于是兴致陡起，拂纸挥笔，题写了"都一处"的匾额。从此，这个小店就出了名，这一食品也很快传至全国各地。至于叫烧卖或烧麦，有两种说法。一种说，北京的烧麦传到山东、浙江、安徽和广东等地后，因"麦"与"卖"京音相谐，传来传去传讹了。另一种说，因为北京的烧麦大都是早晨卖得多，早晨称"晓"，故而得名"晓卖"，南方人"晓"和"烧"发音相近，后来又传成了烧卖。烧卖自北向南传播，使用不同种类的油，烧卖各具风味，一般以所用馅心命名。如河南有切馅烧麦（河南人仍叫烧麦），安徽有用鸭拌糯米饭为馅的鸭油烧卖，杭州有羊肉烧卖，广州有蟹肉瑶柱干蒸烧卖等。广州还有几种不用面皮的独特烧卖，如猪肝烧卖、牛肉烧卖和排骨烧卖等。

🧁 拓展训练

1. 反复练习烧卖成形动作并填写实习报告单。
2. 分析烧卖的制作过程。

🧁 任务评价

糯米烧卖训练评价表（A，B，C）			
评价方向／评价人	自我评价	小组评价	教师评价
数量			
大小			
色泽			
口感			

🧁 学习与巩固

1. 烧卖又称_____，最有名的是北京的 _____。
2. 简述烧卖皮的制作方法。

🧁 课后作业

家校信息反馈表			
学生姓名		联系电话	
面点名称	糯米烧卖	完成情况	
面点制作原料及过程（学生填）			
检查或品尝后的建议	家长（夜自修教师）签名： 日期：		

 任务 10 热水面团——鲜肉锅贴的制作

鲜肉锅贴
的制作

🧁 主题知识

鲜肉锅贴是热水面团的代表品种之一。外形像月牙饺，馅心采用鲜肉馅。

成品特点为：形似月牙，口味咸鲜，纹路均匀美观，口感丰富。

面点工作室

2.10.1 鲜肉馅的调制方法

鲜肉馅的用料广泛，以畜肉（猪肉）为主，其他（如禽类和水产品）常与之配合，形成多种多样的馅。如鲜肉馅中加入虾仁，即为虾肉馅；加入鸡肉丁，即为鸡肉馅；加入蟹肉，即为蟹肉馅等。调制鲜肉馅一般要加水（或掺肉皮冻）和调味品，用力搅拌均匀。质量要求：鲜香、肉嫩、多卤，这与选料、调味、调制都有着密切的关系。

1）选料适当

就猪肉而言，最好选用有肥有瘦、肉质细嫩的前夹心肉。

2）调味恰当

（1）北方风味的猪肉馅

猪肉 500 克，酱油 100 克，盐 5~8 克，香油 50 克，味精 0.5 克，葱末、姜末等。

（2）南方风味的猪肉馅

在北方风味的猪肉馅的基础上另加 5~10 克白糖。调制牛、羊、鱼、虾、蟹肉等馅心时，根据需要，分别加入葱末、姜末、胡椒粉、料酒等，以去除其腥膻气味而增加鲜香味。

各种调味品加入的顺序有先后，一般应先加酱油定色，再加盐、糖、味精等定味，使用时，再加料酒、葱末、姜末等。

3）吃水上劲

拌制鲜肉馅一般要加水（或掺皮冻），这种方法称吃水，吃水可以使成熟后的肉馅口感鲜嫩。加水量是关键，水少则干，水多则澥，都不符合成品质量要求，具体加水量应视肉的肥瘦而定。以猪肉为例，夹心肉吃水较多，每500克夹心肉可以吃水200克左右；五花肉吃水量较少，每500克五花肉可以吃水100克左右。加水的先后顺序，也很重要，必须在加入调味品之后加水（即先加酱油、盐、姜、味精等，再加水），否则，不仅调味品不能渗透入味，而且搅拌时不易上劲，水分吸不进去，制成的肉馅既不鲜嫩也不入味。加水搅拌时，应将肉馅摊开，多次少量加水，顺着一个方向用力搅拌，边搅边加水，直至肉馅上劲。肉馅拌好后，放冰箱冰冻1~2小时。使用时，加入葱末、姜末、香油等拌匀。

2.10.2 学学练练

1）训练原料和工具

原料：中筋粉 300 克，热水 125 克，夹心肉馅 300 克，葱末、姜末等各式调味品。主要原料如图 2.98 所示。

工具：擀面杖、刮板、馅挑、蒸笼等。主要工具如图 2.99 所示。

图 2.98　主要原料

图 2.99　主要工具

2）训练内容

①调馅。将肉馅放在盆内，放入生抽、老抽两种酱油搅匀定色，加少量蚝油，加料酒去腥，加盐定味（一般 500 克肉馅加 5 克盐），分次加水搅拌至上劲，放入葱末、姜末和麻油拌匀即可。

②将面粉倒在案板上开窝，加入沸水，由里向外将面粉烫成雪花片状，如图 2.100 所示。再加入适量冷水调制成面团，饧面 15 分钟，如图 2.101 所示。

③将饧好的面团搓条，下成 12 克左右的剂子，擀成直径 10 厘米、中间厚边缘薄的圆皮，左手托皮，右手上馅，对折成半圆形，前面的皮略高于后面的皮，用左手虎口托住上好馅的皮子，用右手的拇指与食指推捏出均匀的皱褶，如图 2.102 所示。即月牙锅贴生坯，如图 2.103 所示。

④将平底锅烧热后倒入少许色拉油，将锅贴生坯由外向里排好，如图 2.104 所示。煎至锅贴底部呈黄色，再倒入冷水至锅贴腰部，盖上锅盖。待水烧干时再加少许水，煎 5 分钟左右，淋少许色拉油，撒上葱花，即可出锅装盘，如图 2.105 所示。

图 2.100　和面

图 2.101　成团

图 2.102　上馅

图 2.103　成形

图 2.104　煎制

图 2.105　生肉锅贴成品

3）操作要求

①调鲜肉馅时须少量多次加水。

②热水面团调制好后，要散尽热气，以防止面团黏性过大。

③锅贴成品为月牙形，纹路清晰均匀。

操 作 评 分 表

日期：_____年__月__日

项目		考核标准	配分	备注
通用项配分（100分）	调面过程（30分）	操作流程规范，成形技法熟练，加水量适中		
	成形过程（50分）	下剂、搓条、制皮动作熟练		
	包馅过程（10分）	包捏的手法正确，皱褶16～24道		
	成品特点（10分）	底金黄，形似月牙，纹路清楚，吃口香嫩可口		
合计				
成功点		注意点		

评分人 _____

行家点拨

1. 调猪肉馅时，如果加水过多，会导致包捏困难。应尽量将现调的馅心放冰箱冷冻1～2小时，以便上馅成形。

2. 煎制锅贴时控制好火候，煎制时油量稍少，在锅贴底部煎成金黄时加水并迅速盖上锅盖，开中小火烧至水干，听到油煎的声音，掀开锅盖，撒上葱花，即可出锅装盘。

佳作欣赏

如图2.106所示。

图2.106 月牙饺

知识链接

冻又称"皮冻"或"皮汤"。在一些面点制品的馅心中，都需要掺入一定量的皮冻，使面点制品成熟后馅心卤汁多、味道鲜美。特别是在各式汤包的馅心中，皮冻是主要原料之一，从而形成独有的特色。面点馅心中常用的皮冻是用猪肉皮熬制的，只用清水（或一般骨汤）熬制，为一般皮冻；如用火腿、母鸡或干贝等鲜料制作的鲜汤熬制，则为鲜美的高级皮冻，常用于小笼包、汤包等精细面点。一般皮冻的制作方法是：猪肉皮去毛，洗净，下锅，加清水或骨汤（没过肉皮），用旺火煮开，煮至手指能轻松捏碎肉皮时捞出（也可先将肉皮用开水略煮，取出投入冷水中浸凉，然后锅熬煮，因肉皮经冷水刺激后较易煮烂），剁碎，再放回原汤锅，加葱、姜、料酒等，煮开后改用小火熬煮，至汤汁呈稠糊状，盛出，放凉凝结即成。

🧁复习训练

1. 反复练习鲜肉锅贴的成形并填写实习报告单。
2. 分析鲜肉锅贴的制作过程。思考哪些蒸饺可以用来煎制。

🧁任务评价

鲜肉锅贴训练评价表（A，B，C）			
评价方向／评价人	自我评价	小组评价	教师评价
数量			
大小			
色泽			
口感			

🧁学习与巩固

1. 鲜肉锅贴具有_____、_____、_____等特点。
2. 调制鲜肉馅时要注意_____，_____，_____。
3. 选几种花式蒸饺做实践，请家长配合调制馅心。

🧁课后作业

家校信息反馈表			
学生姓名		联系电话	
面点名称	鲜肉锅贴	完成情况	
面点制作原料及过程（学生填）			
检查或品尝后的建议	家长（夜自修教师）签名： 日期：		

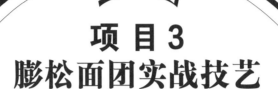

项目3
膨松面团实战技艺

项目介绍

中式面点制作中的重要技术是"发面技术"。发面，即膨松面团，是在调制面团时添加适量的膨松剂，产生气体和水分，使面团暄软、膨松。传统的发面工序烦琐，采用面肥发酵，需要较高的兑碱技术，称为"面肥发酵法"。现代发面技术主要采用酵母发酵，酵母发酵具有快速、方便、卫生的特点。

图 3.1 鲜肉包

学习目标

◇学会调制生物膨松面团。

◇熟练捏包子的基本手法，熟练掌握鲜肉包、菜肉包等制作方法。

◇掌握 7～8 种花卷和花式包制作方法。

◇了解油条的制作方法。

任务1 刀切馒头的制作

🧁 主题知识

目前使用的膨松方法主要有生物膨松法、化学膨松法、物理膨松法。其中，生物膨松法是应用最广泛的膨松方法。化学膨松法主要应用于某些特定品种，如油条等。物理膨松法主要应用于各种蛋糕的制作上。

影响膨松面团形成的因素很多，其中，面粉品质、酵母质量、外界环境等。

刀切馒头
的制作

🧁 面点工作室

3.1.1 生物膨松面团的定义和特点

生物膨松法就是在面团中添加适量的生物膨松剂使面团膨松的方法。这里的生物膨松剂主要指酵母菌，利用生物膨松剂发酵的面团称为生物膨松面团。面肥是含有酵母的种面，使用面肥发酵，是面点制作中传统的发酵方法。面肥内除含有酵母菌外，还含有较多的醋酸菌等杂菌，在发酵过程中，杂菌繁殖面团会产生酸味。因此，采用面肥发酵的方法，发酵后必须加食用碱中和面团的酸味。

目前，面点行业中广泛使用即发干酵母。其优点是：发酵快速，增加营养，发酵效果好，储存方便。利用干酵母发酵的面团色白暄软，口感软嫩香甜。其缺点是：干酵母发酵时容易受其他杂菌的影响，当发酵过度时，面团会产生酸味，影响面团的色泽和口感。

3.1.2 生物膨松面团的调制方法和配方

以即发干酵母为例，膨松面团的调制方法如下。首先，准备原料。中筋粉500克，温水250克（冬季用温热水，夏季用凉水），即发干酵母10克（根据气温适当增减用量），绵白糖10~20克，馒头改良剂1克。其次，调制面团。将面粉、泡打粉、绵白糖、馒头改良剂混合均匀，倒入盆中或案板上，将即发干酵母与温水混合均匀掺入上述粉料中，一边加水一边搅拌。分3次加水，第一次加水70%左右，将面粉搓成"雪花面"；第二次加水20%，将面和成团；第三次根据面团软硬度加水，一般为10%。不得一次掺入全部的水量，防止粉料一时吸不进去，将水溢出，流失水分，面团搅拌不均匀。一般要根据气温以及面粉的吸水量等情况酌情增减水量。面团调制好后，放在案板上，盖上干净湿布（或者装入保鲜袋），静置适当时间，让面团发酵，一般发酵至原来的2倍大。最后，发酵好的面团排气揉匀揉透，直至面团光滑有弹性，就可以根据制品需要用来制作了。

3.1.3 学学练练

1）训练原料和工具

原料：中筋粉300克，温水125克，即发干酵母3克，绵白糖10克。主要原料如图3.2

所示。

工具：擀面杖、刮板、片刀、蒸笼等。主要工具如图 3.3 所示。

图 3.2　主要原料

图 3.3　主要工具

2）训练内容

①调制膨松面团。面粉 250 克加白糖 10 克混合均匀开窝，加温水 125 克，调成稀糊，如图 3.4 所示。加即发干酵母混合均匀，将面调成团，发酵至原来的 2 倍大，如图 3.5 所示。

②二次揉面，至色白光滑。搓条，条的粗细如同擀面杖，如图 3.6 所示。用刀将条改刀成大小均匀的刀切馒头生坯，如图 3.7 所示。

③上笼二次发酵约 20 分钟，如图 3.8 所示。大火蒸制 20 分钟（可根据馒头生坯大小适当增减蒸制时间），关火焖 3 分钟，出笼装盘，如图 3.9 所示。

图 3.4　调面

图 3.5　膨松面团

图 3.6　搓条

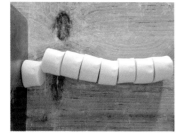

图 3.7　改刀

图 3.8　饧发

图 3.9　刀切馒头成品

3）操作要求

①膨松面团要软硬适中，即发干酵母与面粉混合均匀。

②水温恰当，并加少量白糖，加速即发干酵母发酵。

③调制好的面团揉至光滑，刀切面平整。

④馒头成品发酵饱满，洁白柔软。

操 作 评 分 表			日期: _____ 年 __ 月 __ 日		
	项目	考核标准		配分	备注
通用项配分（100分）	成团过程（30分）	操作流程规范，调面技法正确，原料使用合理			
	作品观感（50分）	洁白饱满，膨松柔软，大小一致			
	上课纪律（10分）	服从指挥，认真学习，相互协作			
	安全卫生（10分）	制作过程整洁卫生，个人着装、卫生符合要求			
合计					
成功点			注意点		
			评分人 _____		

🧁 行家点拨

常见气温下的膨松面团配方（以250克中筋粉为例）。

冬季（气温0 ℃以下）：即发干酵母5克，馒头改良剂0.5克，绵白糖10克，50 ℃温水122克，猪油5克。

春秋季（气温10 ℃左右）：即发干酵母3.5克，馒头改良剂0.4克，绵白糖10克，40 ℃温水118克，猪油6克。

夏季（气温30 ℃以上）：即发干酵母2.5克，馒头改良剂0.3克，绵白糖10克，冷水113克，猪油6克。

🧁 佳作欣赏

如图3.10所示。

图 3.10 双色刀切馒头

🧁 知识链接

影响发酵的因素有如下几个方面。

1.温度。温度是影响酵母发酵的重要因素。在面团发酵过程中要求有一定的温度，一般控制在25~30 ℃，如果温度过低就会降低发酵速度。温度过高，虽然可以缩短发酵时间，但会给杂菌生长创造有利条件使面团发酸。

2. 酵母的用量。酵母的使用量是根据面粉来计算，一般用量为面粉的 0.6%~1.5%。根据发酵面团的品种不同，加入的酵母量也不同，如果酵母作用力不佳，需要加大酵母的用量。

3. 面粉。不同成熟度、不同筋度的面粉，或其淀粉酶的活性受到抑制的面粉都会影响发酵。

4. 水。在一定范围内，面团中含水量越高，酵母芽孢增长越快；反之，则越慢。因此，面团越软越能加快发酵速度。

5. 其他配料的影响。首先是食盐，食盐能抑制酶的活性。盐添加量越多，酵母的活性能力越受到限制，但盐可增强面筋筋力，使面团的稳定性增大，因此，食盐是面团发酵不可缺少的配料之一。其次是糖，糖的使用量为面粉的 4%~6% 时能促使酵母发酵，超过这个范围，糖量越多，酵母的活性越受抑制。如果是高糖配方的制品尽量要选用耐高糖的专用酵母。还有其他乳制品、蛋等配料使用过多都会影响发酵，所以要按配方说明分量来制作。

拓展训练

1. 反复练习刀切馒头并填写实习报告单。
2. 分析膨松面团发酵的原理。

任务评价

刀切馒头训练评价表（A，B，C）

评价方向 / 评价人	自我评价	小组评价	教师评价
数量			
大小			
色泽			
口感			

学习与巩固

1. 膨松面团的调制温度为_____℃。一般用来制作_____、_____等品种。

2. 即发干酵母的优点有_____、_____、_____等。目前使用的膨松方法主要有：_____、_____、_____。

🧁 课后作业

家校信息反馈表			
学生姓名		联系电话	
面点名称	刀切馒头	完成情况	
面点制作原料及过程（学生填）			
检查或品尝后的建议	家长（夜自修教师）签名： 日期：		

🧑‍🍳 任务2　各式花卷的制作——葱油花卷、蝴蝶花卷的制作

🧁 主题知识

　　包子、馒头、花卷是典型的发酵食品。葱油花卷是最常见的花卷，将发酵面团擀成长方形，刷上油，撒上盐、葱花，卷成圆筒状，用刀切成小段，用细竹筷按压，卷起，即成花卷生坯。蒸熟的花卷葱香浓郁，层次分明，葱绿面白，松软可口。

蝴蝶花卷
的制作

🧁 面点工作室

3.2.1　干酵母的知识

　　酵母，又称依士、酵素。酵母是一种真菌，是一种能发酵的生物膨松剂。

1）酵母的发酵原理

　　酵母菌作为发酵素，吸收面团中的养分并生长繁殖，将面粉中的葡萄糖转化为水和二氧化碳，使面团形成蜂窝状的组织结构，面团变得膨胀、松软。当然还有一个前提，是面团在揉搓时产生了足够的面筋，这些面筋能够包裹这些二氧化碳气体，并且能使这些气体不外溢，使面团保持住膨胀和松软的状态。有合适的温度和湿度，才能激发酵母菌的活性，

最适合酵母菌生长的温度是在 20～35 ℃，0 ℃以下或者高于 47 ℃，酵母菌一般停止生长，最适合酵母菌生长的湿度是 75% 左右。

2）酵母的种类

（1）鲜酵母

鲜酵母是酵母乳液经过压榨，制成淡黄色或乳白色的方块。鲜酵母活细胞数量众多，所以发酵速度快，成品香气足。但是鲜酵母的发酵作用不稳定，而且使用前需要活化（用少量 35 ℃温水将酵母浸泡，搅拌均匀）。因为鲜酵母对保存温度要求较为严格（需要在 0～4 ℃的低温条件下保存），不适合长途运输，保质期也比较短，大约 1 个月，所以，鲜酵母一般是生产厂家使用。鲜酵母的用量一般是面粉的 2%～4%。

（2）活性干酵母

活性干酵母是将鲜酵母压榨、低温干燥，制成的淡黄色细小的小颗粒。这种酵母保质期很长，大约为 2 年。干酵母活力大且比较稳定，但是这种酵母发酵时间很长，使用前需要 20 多分钟的活化，才能放入面粉中使用，所以并不广泛使用。

（3）即发干酵母

即发干酵母是目前最常用的一种，它是用最新工艺将酵母乳液分离并低温脱水干燥而成。呈微淡黄色的细小颗粒，一般用真空包装。密封时酵母聚集成块状；打开包装后，呈松散颗粒状。密封状态下，可常温储存，未开封时保质期大约 1 年，开封后要尽快使用，如果存放时间长要加大使用量。一般使用量是面粉的 0.6%～1.5%。即发干酵母使用比较简单，可以直接跟所有材料混合，或者先跟少量液体混合均匀，再混入面粉，搅拌成团后即可进行发酵。

3.2.2 学学练练

1）训练原料和工具

原料：中筋粉 300 克，温水 125 克，即发干酵母 3 克，绵白糖 10 克，葱末 100 克，香肠末 100 克，色拉油 30 克，盐 5 克。主要原料如图 3.11 所示。

工具：擀面杖、刮板、片刀、蒸笼等。主要工具如图 3.12 所示。

图 3.11　主要原料　　　　　　　　图 3.12　主要工具

2）训练内容

葱油花卷的制作：

①调制膨松面团。面粉250克加绵白糖10克开窝，加温水125克，加即发干酵母混合均匀，如图3.13所示。调制成团，发酵至原来体积的2倍大，如图3.14所示。

②二次揉面，揉至色白光滑。擀成厚 0.3 厘米的长方形薄片，如图 3.15 所示。刷油、依次撒盐和葱花，如图 3.16 所示。

③卷成筒状，用刀切成 4 厘米长的段状，如图 3.17 所示。用筷子按压中间，扭成麻花形，即成葱油花卷生坯，如图 3.18 所示。

图 3.13　调面　　　　　　　　图 3.14　膨松面团　　　　　　　图 3.15　擀成长方形

图 3.16　撒配料　　　　　　　图 3.17　切段　　　　　　　　　图 3.18　葱油花卷生坯

④上笼饧发 20 分钟，如图 3.19 所示。大火蒸制 20 分钟（可根据花卷生坯大小适当调整蒸制时间），关火焖 3 分钟，出笼装盘，如图 3.20 所示。

图 3.19　上笼饧发　　　　　　　图 3.20　葱油花卷成品

蝴蝶卷的制作：

①调制膨松面团的方法同前文所述。将发酵完成的面团再次揉搓均匀，擀成厚 0.3 厘米的长方形薄片，如图 3.21 所示。刷油，撒上盐，均匀地撒上香肠末和葱花，如图 3.22 所示。

②卷成直径 3 厘米的圆筒，用刀切成厚约 1.5 厘米的圆筒片 8 只，如图 3.23 所示。两两相合，用竹筷合成蝴蝶形状，如图 3.24 所示。

③上笼饧发 20 分钟，如图 3.25 所示。大火蒸制 20 分钟（可根据花卷生坯大小适当调整蒸制时间），关火焖 3 分钟，出笼装盘，如图 3.26 所示。

图 3.21 擀成长方形

图 3.22 撒葱花、香肠末

图 3.23 切圆片

图 3.24 夹成蝴蝶形

图 3.25 饧发

图 3.26 蝴蝶卷成品

3）操作要求

①调面时应将面团揉匀、揉透。

②刷油、撒盐、香肠末和葱花要均匀。

③用筷子挤压注意前大后小一致，造型美观。

<table>
<tr><td colspan="5" align="center">操 作 评 分 表　　日期：＿＿＿年＿＿月＿＿日</td></tr>
<tr><td></td><td>项目</td><td>考核标准</td><td>配分</td><td>备注</td></tr>
<tr><td rowspan="4">通用项配分
（100分）</td><td>调面过程（30分）</td><td>操作流程规范，成形技法熟练，加水量适中</td><td></td><td></td></tr>
<tr><td>成形过程（50分）</td><td>卷的手法运用熟练，造型制作熟练</td><td></td><td></td></tr>
<tr><td>上馅过程（10分）</td><td>配料撒得均匀</td><td></td><td></td></tr>
<tr><td>成品特点（10分）</td><td>膨松饱满，葱香扑鼻，形似蝴蝶、花朵</td><td></td><td></td></tr>
<tr><td>合计</td><td colspan="4"></td></tr>
<tr><td>成功点</td><td colspan="2"></td><td>注意点</td><td></td></tr>
<tr><td colspan="5" align="right">评分人＿＿＿＿＿</td></tr>
</table>

🧁 行家点拨

1. 在两种花卷成形过程中，盐、葱花、香肠末要撒均匀。

2. 掌握面团发酵的时间和技巧。

🧁 佳作欣赏

如图 3.27 所示。

图 3.27　猪蹄卷

🧁 拓展训练

1. 反复练习葱油花卷、蝴蝶卷的制作，填写实习报告单。
2. 分析两种花卷的制作过程。

🧁 任务评价

葱油花卷、蝴蝶卷训练评价表（A，B，C）

评价方向 / 评价人	自我评价	小组评价	教师评价
数量			
大小			
色泽			
口感			

🧁 学习与巩固

1. 发酵面团的产品有_____、_____、_____等品种。
2. 影响面团发酵的因素有_____、_____、_____、_____等。

🧁 课后作业

<table>
<tr><th colspan="4">家校信息反馈表</th></tr>
<tr><td>学生姓名</td><td></td><td>联系电话</td><td></td></tr>
<tr><td>面点名称</td><td>葱油花卷
蝴蝶卷</td><td>完成情况</td><td></td></tr>
<tr><td>面点制作原料
及过程
（学生填）</td><td colspan="3"></td></tr>
<tr><td>检查或品尝后
的建议</td><td colspan="3">家长（夜自修教师）签名：
日期：</td></tr>
</table>

🐭 任务3 各式花卷的制作——双喜花卷、四喜花卷的制作

🧁 主题知识

双喜花卷和四喜花卷均是在四喜饺的基础上由面点先辈创制而成的。巧妙地利用油、葱等原料将发酵面有效隔开，两边双卷至中央，用快刀切开即为双喜花卷。一刀不断一刀断，翻转即成四喜花卷。面团中可添加南瓜、玉米面等杂粮，以增加面点制品的营养成分和色泽。因其形式美观、寓意喜庆，常常用作喜宴点心。

四喜花卷
的制作

🧁 面点工作室

3.3.1 面粉知识

一般膨松面团采用中筋粉。面粉的主要成分是淀粉，淀粉根据葡萄糖分子之间连接方式的不同分为直链淀粉和支链淀粉。直链淀粉易溶于热水，生成的胶体黏性不大，具有增强面团可塑性的性能。支链淀粉需要加热加压后才溶于水，生成的胶体黏性很大，有增强面筋筋力的性能。淀粉在常温下不溶于水，但当水温升至53 ℃以上时，淀粉的物理性能发生明显变化。淀粉在高温下溶胀、分裂形成均匀糊状溶液，称为淀粉的糊化。淀粉糊化可以提高面

团的可塑性。在发酵面团中，面粉中的淀粉在淀粉酶和糖化酶的作用下转化成糖，可以为酵母发酵提供养分，从而提高面团发酵产气的能力。

面粉中的蛋白质主要是麦胶蛋白和麦谷蛋白，约占面粉蛋白质的80%。麦胶蛋白和麦谷蛋白吸水形成的软胶状物就是面筋质。面筋质具有弹性、延伸性、韧性和可塑性。蛋白质的吸水形成的面筋质的特性，在发酵过程中具有重要意义。在调制膨松面团时，由于蛋白质吸水形成的面筋质，面团质地柔软，具有弹性、韧性和延展性。在面团发酵时，由于面筋质形成的网状结构，网状面筋的延展性包住葡萄糖分解产物——二氧化碳，面团逐渐增大。在成熟过程中，由于面筋质的网状结构和淀粉的填充，形成发酵制品特有的暄软、膨松、洁白的特征。

3.3.2 学学练练

1）训练原料和工具

原料：中筋粉300克，温水125克，即发干酵母3克，绵白糖10克，葱末100克，香肠末100克，色拉油30克，盐5克。主要原料如图3.28所示。

工具：擀面杖、刮板、片刀、蒸笼等。主要工具如图3.29所示。

图3.28 主要原料　　　　　图3.29 主要工具

2）训练内容

四喜卷的制作：

①调制膨松面团。面粉250克加绵白糖10克、即发干酵母3克混合均匀，中间开窝，加温水125克混合均匀，如图3.30所示。调面成团，放置在温暖处发酵至原来体积的2倍大，如图3.31所示。

图3.30 调面　　　　　　图3.31 膨松面团

②将发酵完成的面团再次揉搓均匀，擀成0.3厘米的长方形薄片，刷油，撒上盐，均匀地撒上香肠末和葱末，如图3.32所示。先从上往下卷至中间，再从下往上卷至中间，用刀将条改成大小均匀的刀切馒头，如图3.33所示。

③先切成2厘米的厚片，不切断，再切成2厘米的厚片断开，如图3.34所示。从未切

断处翻开，形成四喜形状，如图 3.35 所示。

④上笼继续饧发 20 分钟，如图 3.36 所示。大火蒸制 20 分钟（可根据四喜卷生坯大小，适当调整蒸制时间），关火焖 3 分钟，出笼装盘，如图 3.37 所示。

| 图 3.32 放馅料 | 图 3.33 对卷 | 图 3.34 改刀 |

图 3.35 四喜卷生坯　　　图 3.36 上笼饧发　　　图 3.37 四喜卷成品

蝴蝶卷的制作：

①调制膨松面团并发酵至原来体积的 2 倍大。将发酵完成的面团再次揉搓均匀，擀成 0.3 厘米的长方形薄片。刷油，撒上盐，均匀地撒上葱末，如图 3.38 所示。先从上往下卷至中间，再从下往上卷至中间，用刀切 2 厘米的厚片，形成双喜形状，如图 3.39 所示。

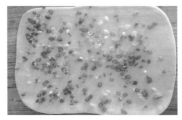 

图 3.38 撒葱花　　　　　　　图 3.39 对卷

②上笼继续饧发 20 分钟，如图 3.40 所示。大火蒸制 20 分钟（可根据蝴蝶卷生坯大小，适当调整蒸制时间），关火焖 3 分钟，出笼装盘，如图 3.41 所示。

图 3.40 饧发　　　　　　　图 3.41 双喜花卷成品

3）操作要求

①制作发酵面团的配方准确，调制得当。

②对卷均匀，刀工干净利落。

③造型美观，形似双喜、四喜。

操 作 评 分 表			日期：＿＿＿年＿月＿日	
	项目	考核标准	配分	备注
通用项配分（100分）	调面过程（30分）	操作流程规范，成形技法熟练，即发干酵母等配方准确		
	成形过程（50分）	下剂、搓条、制皮运用熟练		
	上馅过程（10分）	盐、葱末等撒均匀		
	成品特点（10分）	形态美观，膨松饱满，形似双喜、四喜		
合计				
成功点		注意点		
			评分人＿＿＿＿＿	

🧁 行家点拨

1. 每 100 克面团可以撒 1 克盐。

2. 调制面团时应灵活掌握水温和水量。

🧁 佳作欣赏

如图 3.42 所示。

图 3.42　花卷

🧁 知识链接

泡打粉

泡打粉是由小苏打配合其他酸性材料，并以玉米粉为填充剂的白色粉末。泡打粉在接触酸性和碱性粉末，特别是溶于水时会释放二氧化碳气体，在发酵的过程中可以辅助酵母发酵，这些气体会使制品达到膨胀及松软的效果。但是，过量使用泡打粉会使制品组织粗糙，影响风味和外观，因此要注意控制用量。泡打粉应在阴凉干燥处保存。

复习训练

1. 反复练习四喜花卷、双喜花卷的制作并填写实习报告单。
2. 分析两种花卷的制作过程。

任务评价

双喜花卷、四喜花卷训练评价表（A，B，C）			
评价方向 / 评价人	自我评价	小组评价	教师评价
数量			
大小			
色泽			
口感			

学习与巩固

1. 双喜花卷、四喜花卷具有_____、_____、_____等品种。
2. 面粉中的蛋白质主要是_____和_____，约占面粉蛋白质的_____。

课后作业

家校信息反馈表			
学生姓名		联系电话	
面点名称	双喜花卷 四喜花卷	完成情况	
面点制作原料 及过程 （学生填）			
检查或品尝后 的建议	家长（夜自修教师）签名： 日期：		

任务 4　石榴包、南瓜包的制作

🧁 主题知识

石榴包采用菠菜汁调制膨松面团，改良传统的石榴包的
制作手法，添加石榴花瓣，成品更加形象、美观。南瓜包采
用蒸熟的南瓜泥调制的发酵面团制成。石榴包营养丰富，形
似南瓜。

石榴包的制作

南瓜包的制作

🧁 面点工作室

3.4.1　影响面团发酵的其他因素

1）白糖

在酵母发酵过程中往往会添加适量白糖，给酵母增加养分，使酵母迅速发酵，一般 500
克面粉添加 10 克左右白糖。

2）猪油

为了增加制品的白嫩度和光洁度，可以在面团中添加少量猪油。如果添加过多油脂会抑
制酵母发酵，一般 500 克面粉添加 10 克左右的猪油。

3）炼乳和椰浆

在面团中添加适量炼乳或椰浆，可以使面团增白，并增加制品的风味，过量的炼乳和椰
浆会影响面团发酵。

4）改良剂

改良剂分为馒头改良剂和面包改良剂。

（1）馒头改良剂

馒头改良剂的主要成分为复合酶系、维生素C、酵母营养剂、乳化剂等。膨松面团中可
以用馒头改良剂来代替泡打粉。馒头改良剂主要用来改良面制品的品质，在制作馒头、包
子、花卷等面制品时均可使用。

馒头改良剂的作用与效果：改善面团的流变特性，提高面团的操作性能和机械加工性
能。可增大成品体积10%～30%，成品表皮光滑、细腻、亮泽，成品内部组织结构均匀、细
密，成品柔软、弹性好，口感绵软筋道，使用馒头改良剂的制品更加膨松洁白。

（2）面包改良剂

面包改良剂已经广泛使用在面包中。面包改良剂一般是由乳化剂、氧化剂、酶制剂、无
机盐和填充剂等组成的复配型食品添加剂，用于面包制作。面包改良剂的作用有增加面包柔
软度，增加面包的弹性，有效延缓面包老化等。在使用面包改良剂时，要注意控制使用量，
过量使用会产生副作用。

3.4.2 学学练练

1）训练原料和工具

原料：中筋粉 300 克，温水 125 克，即发干酵母 3 克，绵白糖 10 克，菠菜汁 125 克，豆沙馅 10 只（每只重约 10 克）。主要原料如图 3.43 所示。

工具：擀面杖、刮板、片刀、蒸笼等。主要工具如图 3.44 所示。

图 3.43 主要原料

图 3.44 主要工具

2）训练内容

石榴包的制作：

①调制绿色膨松面团。250 克面粉与 10 克绵白糖混合均匀，中间开窝，加 125 克菠菜汁和 3 克即发干酵母混合均匀，如图 3.45 所示。调面成团并发酵至原来体积的 2 倍大，下剂，每只剂子重约 20 克，如图 3.46 所示。

②按压成光滑的包子皮，上豆沙馅，做成豆沙包的造型，如图 3.47 所示。另取一小团绿色面团，擀成长方条形，沿筷子圆头绕一圈，即成石榴花坯，如图 3.48 所示。

③用蛋液将石榴花坯粘连在石榴包主体上，如图 3.49 所示。用小剪刀剪出石榴花，即成石榴包生坯，如图 3.50 所示。

图 3.45 调面

图 3.46 下剂子

图 3.47 包馅成豆沙包形状

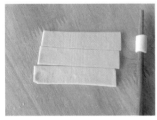
图 3.48 做石榴花头

图 3.49 粘连

图 3.50 剪出花头

④上笼饧发 20 分钟，如图 3.51 所示。大火蒸制 20 分钟（可根据石榴包生坯大小，适

当调整蒸制时间），关火焖 3 分钟，出笼装盘，如图 3.52 所示。

图 3.51 上笼饧发

图 3.52 石榴包成品

南瓜包的制作：

①原料与工具。蒸熟的南瓜蓉，中筋粉 250 克，即发干酵母 3 克，豆沙馅 10 只（每只 10 克），绵白糖 10 克，温水等适量。主要原料如图 3.53 所示。主要工具如图 3.54 所示。

②调制膨松面团，250 克面粉，加入 3 克即发干酵母，绵白糖 10 克，南瓜蓉、温水等，如图 3.55 所示。调制成面团并揉光滑，发酵至原来体积的 2 倍大，如图 3.56 所示。

③把发酵完毕的面团排气、揉面、搓条、下剂，每只剂子重 20 克，包入豆沙馅 10 克，如图 3.57 所示。包成豆沙包形状，如图 3.58 所示。

图 3.53 主要原料　　　　图 3.54 主要工具　　　　图 3.55 和面

图 3.56 南瓜面团　　　　图 3.57 上馅　　　　图 3.58 成豆沙包形状

④用刮板将豆沙包 8 等分，做成南瓜状，如图 3.59 所示。用少量豆沙和面团糅合，制作南瓜叶柄，如图 3.60 所示。

⑤将叶柄用蛋液粘连在南瓜包主体上，即成南瓜包生坯，将南瓜包生坯上笼饧发 20 分钟，如图 3.61 所示。大火蒸制 20 分钟（可根据南瓜包生坯大小，适当调整蒸制时间），关火焖 3 分钟，出锅装盘，如图 3.62 所示。

图 3.59　8 等分

图 3.60　南瓜叶柄

图 3.61　饧发

图 3.62　南瓜包成品

3）操作要求

①发酵面团软硬适中，调制得当。

②添加蔬菜汁，制品色泽艳丽。

③造型美观，形似石榴、钳花。

操 作 评 分 表

日期：_____年__月__日

通用项配分（100分）	项目	考核标准	配分	备注
	调面过程（30分）	操作流程规范，成形技法熟练，即发干酵母等配方准确		
	成形过程（50分）	下剂、搓条、制皮、上馅运用熟练		
	上馅过程（10分）	面团光滑，馅心居中		
	成品特点（10分）	形态美观，膨松饱满，形似石榴、钳花		
合计				
成功点		注意点		

评分人 _____

🧁 行家点拨

1. 可依据个人口味，适量增加白糖用量，以促进发酵，改善制品口感。

2. 注意蔬菜汁的色泽变化。

🧁 佳作欣赏

如图 3.63 所示。

图 3.63 寿桃包

🧁 知识链接

调制生物膨松面团的注意事项

1. 根据天气情况确定加水量以及水温。根据制品的要求、面粉本身的吸水性、温度和湿度，需要分多次加水。一般将水温控制在 35 ℃左右，夏季用冷水，冬季用温水，最适宜酵母菌生长的温度为 30 ℃。

2. 根据制品要求灵活掌握即发干酵母用量。一般花色包要求面团造型美观，最好是嫩酵面，即发干酵母用量应适当减少。而千层油糕、三丁大包则要求大酵面，即发干酵母的用量应适当增加。

3. 饧面适当。采用即发干酵母发酵时，面团中的杂菌也在生长繁殖，当发酵到合适的程度时，面团酵香浓郁，吃口香甜。当发酵过度时，面团中杂菌繁殖使面团产生酸味，如果用已发酸的面团制成的制品，色泽暗，口感酸，质感差。

4. 二次发酵揉面得当。膨松面团一般采用二次发酵，发好的面团充分舒展，吃口暄软香甜。

二次发酵需要掌握发酵时间，不可发酵过度。一次发酵以后，揉面得当，可以采用压面机压面，将面团中的气体全部排出，使面团结实，结构紧密，这样发好的制品口感较好。

🧁 复习训练

1. 反复练习石榴包、南瓜包的制作，填写实习报告单。
2. 分析两种花色包的制作过程。

🧁 任务评价

石榴包、南瓜包训练评价表（A，B，C）			
评价方向／评价人	自我评价	小组评价	教师评价
数量			
大小			
色泽			
口感			

🧁 学习与巩固

1. 石榴包、南瓜包具有＿＿＿＿＿＿、＿＿＿＿＿＿、＿＿＿＿＿＿等特点。
2. 辅助面粉发酵的原料还有＿＿＿＿＿＿、＿＿＿＿＿＿、＿＿＿＿＿＿、＿＿＿＿＿＿。

🧁 课后作业

家校信息反馈表			
学生姓名		联系电话	
面点名称	石榴包 南瓜包	完成情况	
面点制作原料 及过程 （学生填）			
检查或品尝后 的建议	家长（夜自修教师）签名： 日期：		

任务 5　刺猬包的制作——花色包系列

主题知识

　　包子自古以来就是我国人民喜爱的食品，传说中诸葛亮发明的馒头就是最早的有馅发酵食品。包子以发酵面为皮，辅以丰富的馅心，运用不同的成形技法，制作出造型丰富的制品，凸显了劳动人民的智慧，丰富了我国的饮食文化。

　　刺猬包是一款造型独特的发酵食品，它以中筋面粉、即发干酵母、白糖、温水调制成的发酵面团做皮，配以豆沙、枣泥、莲蓉等馅心，经上馅、包捏、剪刀修剪成形，蒸制成熟。刺猬包深受老百姓特别是儿童的喜爱。

刺猬包的制作

面点工作室

3.5.1　包子的分类

　　①根据面团的种类，分为精白面发酵面团、杂粮发酵面团包子。

　　②根据发酵面团的发酵程度，分为大酵面、嫩酵面、烫酵面包子。

　　③根据馅心使用原料不同，分为素馅包子、荤馅包子及荤素包子。

　　④根据馅心口味不同，分为甜馅包子、咸馅包子等。

　　⑤根据熟制方法，分为蒸包子、煎包子等方法。

3.5.2　学学练练

1）训练原料和工具

　　原料：中筋粉 300 克，温水 125 克，即发干酵母 3 克，绵白糖 10 克，温水 125 克，豆沙馅 10 只（每只约 10 克），黑芝麻等适量。主要原料如图 3.64 所示。

　　工具：擀面杖、刮板、剪刀、蒸笼等。主要工具如图 3.65 所示。

图 3.64　主要原料

图 3.65　主要工具

2）训练内容

　　刺猬包的制作：

　　①调制发酵面团。250 克面粉加 10 克绵白糖混合均匀，中间开窝，加 125 克温水，3

克即发干酵母混合均匀，如图 3.66 所示。调制成发酵面团， 发酵至原来体积的 2 倍大，把发酵完毕的面团排气、揉匀、搓条，下剂，每只剂子重约 20 克，如图 3.67 所示。

②擀皮，包入豆沙馅，如图 3.68 所示。搓成像刺猬一样一头尖的形状，如图 3.69 所示。

③修剪出刺猬的刺，如图 3.70 所示。用黑芝麻做眼睛，即成刺猬包生坯，如图 3.71 所示。

图 3.66 调面

图 3.67 下剂子

图 3.68 上馅

图 3.69 搓成刺猬形

图 3.70 剪制

图 3.71 黑芝麻做眼睛

④将刺猬包生坯上笼饧发20分钟，如图3.72所示。蒸制20分钟（可根据刺猬包生坯大小，适当调整蒸制时间），关火焖3分钟，出笼装盘，如图3.73所示。

图 3.72 上笼饧发

图 3.73 刺猬包成品

3）操作要求

①尽量采用剂子侧面包馅，制作出的刺猬包发酵比较饱满。

②刺猬身上的"刺"要修剪得尖、细。

③造型逼真，形似刺猬。

操 作 评 分 表				日期: _____年__月__日	
	项目	考核标准		配分	备注
通用项配分 （100分）	调面过程（30分）	操作流程规范，成形技法熟练，即发干酵母等 配方准确			
	成形过程（50分）	下剂、搓条、制皮、上馅运用熟练			
	上馅过程（10分）	面团光滑，馅心居中			
	成品特点（10分）	形态美观，膨松饱满，形似刺猬			
合计					
成功点		注意点			
				评分人 _____	

🧁 行家点拨

1. 制作的刺猬包要形象逼真。

2. 大火蒸制的时间不宜太长。

🧁 佳作欣赏

如图 3.74 所示。

图 3.74 胡萝卜包

🧁 知识链接

红豆沙馅的制作

1. 红豆用冷水浸泡约 8 小时。把红豆放入高压锅中，加水盖过红豆，待大火煮至上汽后，再小火焖 15 分钟，关火，放凉。

2. 先将煮熟的红豆放入搅拌机搅拌成红豆沙，然后用滤网过滤至容器中（把滤网底部浸在水中比较好过滤），过滤掉比较粗糙的豆皮。

3. 将过滤好的红豆沙沉淀两个小时，轻轻倒去上面的水。

4. 将红豆沙放入锅中用大火煮开，中火一直煮到红豆沙变黏稠。

5. 加入适量糖、少许盐，适量植物油，继续翻炒至红豆沙变干。

6. 放凉后，根据面点的需要做成合适大小的剂子。

注意：

1. 红豆沙要比空口吃略甜。

2. 糖和油的用量按需调整。

3. 红豆沙放冰箱冷藏可以保存 3 天，可一次多做些冷冻保存，随用随取。

复习训练

1. 反复练习刺猬包的制作，练习修剪刺猬小刺。

2. 分析刺猬包成形过程。

任务评价

刺猬包训练评价表（A，B，C）

评价方向／评价人	自我评价	小组评价	教师评价
数量			
大小			
色泽			
口感			

学习与巩固

1. 刺猬包具有_____、_____、_____等特点。

2. 制作豆沙馅要注意以下 3 点：_____，_____，_____。

课后作业

家校信息反馈表

学生姓名		联系电话	
面点名称	刺猬包	完成情况	
面点制作原料及过程（学生填）			
检查或品尝后的建议	家长（夜自修教师）签名： 日期：		

任务 6　鲜肉包、萝卜丝包的制作

主题知识

"面肥"是餐饮行业传统的酵面催发方式，其优点是经济、方便、吃口香，其缺点是时间长，使用时必须加食用碱中和酸味。过去"兑碱水"是一门很高的技术。自从采用酵母发酵以后，发酵也相对简单容易，许多面点从业人员已经不再学习"兑碱水"这门技术。

鲜肉包的制作

面点工作室

3.6.1　酵面的种类

用面肥催发出来的面团称为酵面。酵面主要有大酵面、嫩酵面、碰酵面等。

1）大酵面

大酵面是用面肥和面且充分发酵的酵面。它所需的发酵时间长，一般冬季要发7小时，夏季发3小时，春秋季发5小时。大酵面如果内部空洞多而大、酸味重，需要加较多的碱水。大酵面适宜制作体形大而松软的食品，制品形态饱满，松软多孔，松糯适口。如鲜肉包、豆沙包、花卷等。

2）嫩酵面

所谓嫩酵面，就是没有充分发酵的酵面，一般发酵至四五成。这种酵面的发酵时间短（一般为大酵面发酵时间的2/3），且不用即发干酵母，使面团不过分疏松。由于发酵时间短，酵面尚未成熟，面团嫩酵面紧密、性韧，宜做皮薄多汁的小笼汤包等。

3）碰酵面

碰酵面又称为半发面、呛酵面。"半发面"的意思就是面肥与面粉各占一半调制而成的面团。其特点是：加入面肥后，不需要发酵，随制随用，是大酵面的快速调制法，因此又称为呛酵面，用途与大酵面相同，但制品质量稍差。

3.6.2　学学练练

1）训练原料和工具

原料：中筋粉300克，温水125克，即发干酵母3克，绵白糖10克，温水125克，猪肉馅250克。主要原料如图3.75所示。

工具：擀面杖、刮板、剪刀、蒸笼等。主要工具如图3.76所示。

图 3.75　主要原料

图 3.76　主要工具

2）训练内容

鲜肉包的制作：

①调制发酵面团。250 克面粉加 10 克绵白糖混合均匀，中间开窝，加温水 125 克和即发干酵母 3 克混合均匀，如图 3.77 所示。调面成团，发酵至原来体积的 2 倍大，下剂，每只剂子重 25 克，如图 3.78 所示。

②上鲜肉馅（鲜肉馅制作方法同项目 2 任务 2），如图 3.79 所示。包捏出 20~30 道纹路，即成鲜肉包生坯，如图 3.80 所示。

③将鲜肉包生坯上笼饧发 20 分钟，如图 3.81 所示。大火蒸制 20 分钟（也可以根据鲜肉包生坯大小，适当调整蒸制时间），关火焖 3 分钟，出笼装盘，如图 3.82 所示。

图 3.77　调面　　　　　　　图 3.78　下剂子　　　　　　　图 3.79　上馅

图 3.80　包捏　　　　　　　图 3.81　上笼饧发　　　　　　图 3.82　鲜肉包成品

萝卜丝包的制作：

原料：中筋粉 500 克，清水 250 克，即发干酵母 8 克，绵白糖 20 克，白萝卜丝、腊肉粒、猪肥膘肉粒、葱花、盐、味精等适量。主要原料如图 3.83 所示。

工具：同鲜肉包。

①调馅。将切好的白萝卜丝加食盐腌渍，挤去水分，与腊肉粒、猪肥膘粒、葱拌匀，加盐和味精调味，即成萝卜丝馅，也可以上锅炒制萝卜丝馅，如图 3.84 所示。

②和面、搓条、下剂、擀皮同鲜肉包做法，上萝卜丝馅，如图 3.85 所示。包捏出 20~30 道纹路，即成萝卜丝包生坯。将萝卜丝包生坯上笼饧发，如图 3.86 所示。

③饧发 20 分钟后，待萝卜丝包生坯发酵至原来的 1.5 倍大，水开后大火转中火蒸制 20 分钟（可根据萝卜丝包生坯大小，适当调整蒸制时间），关火焖 3 分钟，如图 3.87 所示。出笼，装盘，如图 3.88 所示。

图 3.83　主要原料

图 3.84　萝卜丝馅

图 3.85　上萝卜丝馅

图 3.86　饧发

图 3.87　蒸制

图 3.88　萝卜丝包成品

3）操作要求

①将调制好的面团用湿布盖上进行发酵。将发酵好的面团进行揉搓，以增加面团口感。

②调制膨松面时，即发干酵母最好用温水化开，以增强酵母菌的活性。

③蒸制时，待水开后转中火，以防止制品面皮发僵。

操作评分表

日期：_____ 年 __ 月 __ 日

	项目	考核标准	配分	备注
通用项配分（100 分）	调面过程（30 分）	操作流程规范，成形技法熟练，即发干酵母等配方准确		
	成形过程（50 分）	下剂、搓条、制皮、上馅运用熟练		
	上馅过程（10 分）	包捏手法正确、流畅，馅心居中		
	成品特点（10 分）	色白，纹路均匀，鲫鱼口，口感膨松绵软、香甜，具有鲜肉包、萝卜丝包特有香味		
合计				
成功点		注意点		
			评分人 _____	

行家点拨

1. 需要多加练习包子纹路，掌握的包捏技术。
2. 水开后火力不宜太旺，转中火继续蒸制直至包子成熟。

佳作欣赏

如图 3.89 和图 3.90 所示。

图 3.89　三丁大包　　　　　　图 3.90　什锦菜包

知识链接

　　一般来说，发酵正常的大酵面团膨松，色泽洁白滋润，软硬适中；富有弹性，酸味适中，能闻到酒香味；用手按面，按下的面坑会慢慢恢复；用手拉面富有伸缩性，质地柔软光滑；用手拍面，有"嘭嘭"声；切开面团，剖面均匀分布扁圆形小孔洞，呈网状结构。

复习训练

1. 反复练习包子的包捏成形技术。
2. 分析鲜肉包和萝卜丝包的制作过程。

任务评价

鲜肉包、萝卜丝包训练评价表（A，B，C）		
评价方向／评价人	自我评价	小组评价	教师评价
数量			
大小			
色泽			
口感			

学习与巩固

1. 鲜肉包具有＿＿＿＿＿、＿＿＿＿＿、＿＿＿＿＿等特点。
2. 酵面的种类有＿＿＿＿＿、＿＿＿＿＿、＿＿＿＿＿。大酵面具有形态饱满、＿＿＿＿＿、

_____、_____等特点。

🧁 课后作业

家校信息反馈表			
学生姓名		联系电话	
面点名称	鲜肉包 萝卜丝包	完成情况	
面点制作原料 及过程 （学生填）			
检查或品尝后 的建议	家长（夜自修教师）签名： 日期：		

任务 7　秋叶包的制作

🧁 主题知识

　　秋叶包是一道常见的发酵点心，因形似秋叶而得名。秋叶包是在秋叶饺的基础上演变而来的，多采用雪菜、冬笋等蔬菜做馅心，这样有助于区分荤馅和素馅包子。秋叶包的特点是：形似秋叶、色白、口感膨松绵软，有雪菜和冬笋特有的爽脆。

秋叶包的制作

🧁 面点工作室

3.7.1　菜馅的制作

1）选料

　　菜馅一般选择新鲜、质嫩的蔬菜，还可以搭配竹笋、香菇、木耳、蘑菇、豆腐干、豆腐皮、粉丝、粉条等，可以一种蔬菜单独成馅，也可以几种蔬菜搭配成馅，搭配时注意营养、色泽、质地和气味的配合。

2）初加工

蔬菜要去皮、根、老、病、虫等不能食用的部分，然后清洗干净。木耳、香菇、粉丝等干货先用水发透，洗净泥沙。大部分新鲜蔬菜还要进行焯水，焯水可以使蔬菜变软，便于刀工处理，也可以消除异味，蔬菜中如萝卜、冬油菜、芹菜、菠菜等，均带有一些异味，须通过焯水消除。焯水可使酶失去活性，防止褐变，如芋艿、藕、茨菇等。

3）刀工处理

根据原料性质和制品要求选择合适的刀工，一般采用切、剁、先切后剁、擦、剁菜机加工等5种方法，将原料加工成丁、丝、粒、末等形状。

4）减少水分

因为新鲜蔬菜含有的水分多，若直接使用，会因大量水分溢出而影响制品包捏成形，所以要去掉一部分水分。常用方法有4种，即加热法、挤压法、加盐法、干料吸水法。加热法是利用焯水、煮或蒸，使蔬菜失水；挤压法是指用一块洁净的纱布包住馅料切碎的蔬菜用力挤压，压去水分；加盐法是利用盐的渗透作用，促使蔬菜中的水分溢出；干料吸水法是利用粉条、豆腐皮等吸收水分。在制馅过程中，经常综合利用上述几种方法以减少蔬菜的水分。

5）调味

根据调味品的不同性质，须依次加入调味品。如挥发性的调味品香油与鲜味剂味精等宜最后投放，可减少香、鲜味的流失或挥发。

6）拌和

拌和馅心时，为增加菜馅的黏性，可以考虑加入具有黏性的调味品或一些黏性辅料，如油脂、甜酱、黄酱、鸡蛋等。拌和时，宜快而均匀，以防馅料"塌架"出水，馅心要随用随拌。

3.7.2 学学练练

1）训练原料和工具

原料：中筋粉300克，温水125克，即发干酵母3克，绵白糖10克，温水125克，冬笋丝100克，雪菜末200克，金针菇50克，盐、葱末以及其他调味品。主要原料如图3.91所示。

工具：擀面杖、刮板、片刀、蒸笼等。主要工具如图3.92所示。

图 3.91　主要原料

图 3.92　主要工具

2）训练内容

秋叶包的制作：

①将切好的冬笋、金针菇在油锅里煸香，与切好的雪菜粒翻炒，如图3.93所示。调咸鲜味，撒上盐、葱末，拌匀待用，如图3.94所示。

②调制发酵面团。250克面粉加10克绵白糖混合均匀，中间开窝，加125克温水、3克即发干酵母混合均匀，如图3.95所示。调面成团，发酵至原来体积的2倍大，下剂，每只剂子重约25克，擀皮，如图3.96所示。

③上雪菜馅，如图3.97所示。两面包捏出20道以上皱褶，即成秋叶包生坯，如图3.98所示。

图3.93 炒馅心

图3.94 雪菜冬笋馅

图3.95 调面

图3.96 下剂、擀皮

图3.97 上馅

图3.98 包捏

④将秋叶包生坯上笼饧发20分钟，如图3.99所示。大火蒸制20分钟（可根据秋叶包生坯大小，适当调整蒸制时间），关火焖3分钟，出笼装盘，如图3.100所示。

图3.99 上笼饧发

图3.100 秋叶包成品

3）操作要求

①选用爽脆的雪菜，因雪菜已有咸度，在调味过程中适当减少盐的用量。

②调制膨松面团，即发干酵母最好用温水化开，以增强酵母菌的活性。

③先将调制好的面团用湿布盖上饧发，再进行二次揉面，增加制品口感。

操 作 评 分 表

日期：_____年___月___日

	项目	考核标准	配分	备注
通用项配分 （100分）	调面过程（30分）	操作流程规范，成形技法熟练，即发干酵母等配方准确		
	成形过程（50分）	下剂、搓条、制皮、上馅运用熟练，有10对以上皱褶		
	上馅过程（10分）	包捏手法正确、流畅，馅心居中		
	成品特点（10分）	形似秋叶，色白，口感膨松绵软，有雪菜特有的爽脆		
合计				
成功点		注意点		

评分人 _____

行家点拨

1. 秋叶包的包捏手法和月牙饺相似。
2. 压馅合理，以便于包捏为宜。

佳作欣赏

如图 3.101 所示。

图 3.101　秋叶包

知识链接

　　蔬菜中含有大量水分，通常占70%～90%，其他成分便是蛋白质、脂肪、糖类、维生素、无机盐、矿物质和纤维素等。蔬菜大致可分为3类：叶菜（如白菜、苋菜、菜心），瓜果类（如青椒、黄瓜、西红柿），根茎类（如土豆、胡萝卜）。蔬菜可提供的维生素主要有叶酸、胡萝卜素和B族维生素等。其中，维生素C、胡萝卜素、叶酸在黄、红、绿等深色叶菜中含量较高。绿叶蔬菜的矿物质含量很丰富，但某些蔬菜（苋菜、菠菜、通心菜等）中的草酸会影响人体对矿物质的吸收，通常烹调这些蔬菜时，应先用开水焯烫，去除其中的草酸。营养学家建议，成人每日宜摄入500克蔬菜，其中2/3为叶菜，1/3为瓜果和根茎类蔬菜。

科学家通过对多种蔬菜营养成分的分析，发现蔬菜的营养价值与蔬菜的颜色密切相关。颜色越深的蔬菜营养价值越高，颜色越浅的蔬菜营养价值越低，从高到低排列顺序是：绿色蔬菜，黄色蔬菜、红色蔬菜，无色蔬菜。绿色蔬菜被营养学家列为甲类蔬菜，主要有菠菜、油菜、卷心菜、香菜、小白菜、空心菜、雪里蕻等，这类蔬菜富含维生素 B_1、维生素 B_2、维生素 C、胡萝卜素及多种无机盐等，营养价值较高。

复习训练

1. 反复练习秋叶包的包捏成形技术。
2. 分析秋叶包和鲜肉包两种包子不同的包捏手法。

任务评价

秋叶包训练评价表（A，B，C）			
评价方向／评价人	自我评价	小组评价	教师评价
数量			
大小			
色泽			
口感			

学习与巩固

1. 秋叶包具有_____、_____、_____等特点。
2. 减少菜馅水分的 4 种方法是：_____，_____，_____，_____。

课后作业

家校信息反馈表			
学生姓名		联系电话	
面点名称	秋叶包	完成情况	
面点制作原料及过程（学生填）			
检查或品尝后的建议	家长（夜自修教师）签名： 日期：		

任务 8 油条的制作

主题知识

油条是一种长条形中空的油炸面食，口感松脆有韧劲，是我国传统早点。油条在广东、福建又称油炸鬼或炸面，潮汕等地的方言又称油炸粿，河南方言称为油馍，而北方也称馃子。

油条的制作

面点工作室

3.8.1 油条的简介

油条，原来叫"油炸桧"，这种传统的早餐小吃是以面粉为主要原料，加适量的水、盐、膨松剂，经拌和、捣、揣、饧发、油炸制成的长条形食品。油条含有大量的脂肪、碳水化合物，部分蛋白质，少量的维生素及钙、磷、钾等矿物质，是高油脂、高热量食品。油条的传统吃法是夹烧饼配豆浆，豆浆中含有丰富的离胺酸，但缺乏钾硫胺酸，而油条、烧饼正好与之互补，是绝佳的组合。

目前，市场有各种无铝油条膨松剂，具有不含明矾、高效、直接与面粉一起调制、用量只是常规发泡粉一半的优点。

3.8.2 化学膨松法的知识

化学膨松法，即面粉中掺入一定量的化学膨松剂进行发酵。它是利用化学膨松剂在面团中经加热发生一系列化学反应，使面团膨胀、松软的方法。化学膨松剂大体可分为两类：一类通称发粉，如小苏打、氨粉、酵母、泡打粉；一类是矾碱盐。化学膨松面团的特点：制作工序简单、膨松力强、用时短、制品形态饱满，松泡多孔，质感柔软。适合制作油条、油饼、各种饼干等。

3.8.3 学学练练

1）训练原料和工具

原料：面粉 500 克，黄油 38 克，小苏打 4 克，油炸王 5 克，盐 10 克，水 260 克，色拉油等适量。主要原料如图 3.102 所示。

工具：擀面杖、刮板、刀、长筷子等。主要工具如图 3.103 所示。

图 3.102 主要原料

图 3.103 主要工具

2）训练内容

油条的制作：

①将面粉和所有辅料混合并倒入温水，调制成面团，如图 3.104 和图 3.105 所示。

②将调制好的面团饧发 8 个小时以上。

图 3.104　和面　　　　　　　　　　图 3.105　成团

③将饧好的面团直接搓长条，压扁，如图 3.106 所示。用刀切成约 3 厘米宽的条，两个条叠在一起，中间用筷子压一下，即成油条生坯，如图 3.107 所示。

图 3.106　搓条　　　　　　　　　　图 3.107　成形

④将油条生坯两头提起，一边抻一边放入八成热的油温中，炸至两面金黄，如图 3.108 所示。将炸好的油条捞出控油摆入盘内即可食用，如图 3.109 所示。

图 3.108　炸制　　　　　　　　　　图 3.109　成品

3）操作要求

①选用专门的油条面粉。

②注意掌握油的温度，一般控制在八成热。

③面团饧发时间要在 8 小时以上。

操作评分表

日期：＿＿＿＿年＿＿月＿＿日

	项目	考核标准	配分	备注
通用项配分（100分）	调面过程（30分）	操作流程规范，加水量适中		
	成形过程（50分）	切剂、按压熟练，刀工熟练，下锅押面合理		
	成品特点（20分）	色泽金黄，膨松香脆		
合计				
成功点		注意点		

评分人 ＿＿＿＿＿＿＿＿＿

行家点拨

在调制面团时，要注意配料的比例，饧发要在 8 小时以上。油要烧到八成热，以油条生坯放入即受热起大泡为宜（实际耗油量较小）。油条生坯厚度以 1/4 厘米较为适宜，如果太厚里面还未炸熟，外面已经太焦。油条生坯放入油锅以后，要迅速用筷子翻面，才能炸得均匀。虽然油条醇香好吃，但是，由于油条是高油脂、高热量的食品，不建议经常食用，食用的时候建议搭配一些清淡的豆浆、水果、青菜等。

佳作欣赏

如图 3.110 所示。

图 3.110　油条

知识链接

油条的由来

油条，原来叫"油炸桧"，是传统的早餐小吃。还有一段传说故事，据《宋史》记载：南宋高宗绍兴十一年，秦桧一伙卖国贼，以莫须有的罪名杀害了岳飞父子，南宋军民对此无不义愤填膺。当时在临安风波亭附近有两个卖早点的摊贩，各自抓起面团，分别搓捏了形如秦桧和王氏的两个面人，绞在一起放入油锅里炸，并称之为"油炸桧"。

🧁 复习训练

1. 反复练习油条成形技术。
2. 分析油条的制作过程。

🧁 任务评价

<table>
<tr><td colspan="4" align="center">油条训练评价表（A，B，C）</td></tr>
<tr><td>评价方向 / 评价人</td><td>自我评价</td><td>小组评价</td><td>教师评价</td></tr>
<tr><td>数量</td><td></td><td></td><td></td></tr>
<tr><td>大小</td><td></td><td></td><td></td></tr>
<tr><td>色泽</td><td></td><td></td><td></td></tr>
<tr><td>口感</td><td></td><td></td><td></td></tr>
</table>

🧁 学习与巩固

1. 油条具有_____、_____等特点。
2. 油条的别名有_____、_____、_____。

🧁 课后作业

<table>
<tr><td colspan="4" align="center">家校信息反馈表</td></tr>
<tr><td>学生姓名</td><td></td><td>联系电话</td><td></td></tr>
<tr><td>面点名称</td><td>油条</td><td>完成情况</td><td></td></tr>
<tr><td>面点制作原料
及过程
（学生填）</td><td colspan="3"></td></tr>
<tr><td>检查或品尝后
的建议</td><td colspan="3">家长（夜自修教师）签名：
日期：</td></tr>
</table>

任务 9　茭白包的制作

主题知识

随着时代的发展，厨艺的提升，烹饪人士不断创新，花色包越来越接近日常食材，如花菜包、香菇包、茭白包、蘑菇包、海参包等。茭白包是近几年出现得比较频繁的精品花色包，其特点是：绿白相间，形似茭白，香甜柔软。

茭白包的制作

面点工作室

3.9.1　训练原料和工具

原料：中筋粉 300 克，绵白糖 100 克，即发干酵母 4 克，绿菜汁 40 克，豆沙馅 100 克，清水等适量。主要原料如图 3.111 所示。

工具：擀面杖、刮板、剪刀、片刀、梳子、蒸笼等。主要工具如图 3.112 所示。

图 3.111　主要原料

图 3.112　主要工具

3.9.2　训练内容

茭白包的制作：

①中筋粉中加入发酵辅料，倒入温水，调制白色面团（约 200 克中筋粉），如图 3.113 所示。中筋粉（约 80 克）加入发酵辅料，倒入绿菜汁调制绿色面团，如图 3.114 所示。

图 3.113　调制白色发酵面团

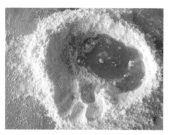

图 3.114　调制绿色发酵面团

②将调制好的两种颜色面团揉光滑，如图 3.115 所示。分别将两种面团擀成 0.3 厘米的长方形面片，如图 3.116 所示。

③将白色长方形面片两头切成细条，放在绿色面上，如图 3.117 所示。绿色面包裹白色细条，如图 3.118 所示。

④将上述绿色细条切成小段，如图 3.119 所示。一头搓尖成茭白顶尖部分，如图 3.120 所示。

图 3.115　两种面团

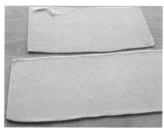

图 3.116　擀成长方形

图 3.117　切白色细条

图 3.118　绿色包白色搓成细长条

图 3.119　切小段

图 3.120　搓茭白顶尖部分

⑤将白色长方形面片平均分成如图 3.121 所示形状的小长方形面片。取白色小面片，顶端压平，斜 45°角包在绿色细条上，如图 3.122 所示。

⑥将豆沙馅搓成如图 3.123 所示的形状。上馅如图 3.124 所示。

⑦依次斜 45°角包制 3 层白色面片，如图 3.125 所示。绿色面片上用梳子按压出纹路，如图 3.126 所示。

图 3.121　分割小长方形

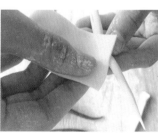

图 3.122　包卷第一层

图 3.123　搓制豆沙馅

图 3.124　上馅

图 3.125　包卷三层

图 3.126　按压细纹

⑧用剪刀剪去多余料，尾部镶上前面制作的细纹绿色面片，如图 3.127 所示。用卡片按压每个关节纹路，即成茭白包生坯如图 3.128 所示。

⑨将茭白包生坯上笼饧发 30 分钟，中小火蒸制 15 分钟左右，关火焖 3 分钟，如图 3.129 所示。将蒸熟的茭白包取出，装盘，如图 3.130 所示。

图 3.127　镶尾部，去余料

图 3.128　按压关节纹路

图 3.129　上笼饧发

图 3.130　茭白包成品

3.9.3　操作要求

①面团调制好后，最好采用压面机做面片。
②室温自然发酵，控制好发酵时间。
③采用中小火蒸制。

操 作 评 分 表

日期：＿＿＿＿年＿＿月＿＿日

	项目	考核标准	配分	备注
通用项配分（100 分）	调面过程（30 分）	操作流程规范，加水量适中		
	成形过程（50 分）	包制过程熟练，形似茭白，操作熟练，馅心使用合理		
	成品特点（20 分）	绿白相间，形似茭白，香甜柔软、饱满		
合计				
成功点		注意点		
			评分人 ＿＿＿＿＿＿＿	

🧁 **行家点拨**

在调制面团时，要注意配料的比例，采用自然饧发，中小火蒸制时，蒸制 15 分钟左右即可。

佳作欣赏

如图 3.131~图 3.135 所示。

图 3.131 海豚包

图 3.132 虎虎生威包

图 3.133 笋包

图 3.134 茶壶包

图 3.135 芒果包

复习训练

1. 反复练习茭白包成形技术。
2. 分析茭白包的制作过程。

任务评价

茭白包训练评价表（A，B，C）			
评价方向／评价人	自我评价	小组评价	教师评价
数量			
大小			
色泽			
口感			

学习与巩固

1. 茭白包具有_____、_____等特点。
2. 试试制作其他常见食材形状的花色包。

课后作业

家校信息反馈表			
学生姓名		联系电话	
面点名称	茭白包	完成情况	
面点制作原料及过程（学生填）			
检查或品尝后的建议	家长（夜自修教师）签名： 日期：		

项目4
油酥面团实战技艺

项目介绍

　　油酥面团的制作是中式点心中最复杂的技术。简单地讲，油酥面团就是以面粉、油、水为主要原料调和而成的面团，成品具有吃口酥香、色泽洁白或金黄、层次分明、制作难度高的特点。其缺点是：动物脂肪运用多，成品含油量较高。

　　油酥面团分为层酥和单酥两大类。层酥主要有酥皮类、松酥、炸酥，其中，酥皮类又包括水油面皮酥、酵面皮酥、蛋面皮酥。这些油酥面团又以水油面皮酥在点心行业中应用最为广泛。水油面皮酥因其酥层清晰、制作难度大、制作工艺复杂，成为中式面点各类竞赛的首选品种。图4.1为花篮酥。

图 4.1　花篮酥

学习目标

◇了解水油面皮酥中各种原料配比。

◇熟悉影响起酥的各个因素。

◇掌握水油皮、油酥的调制方法。

◇熟练掌握起酥的技艺及操作要领。

◇掌握6~8种酥点的制作方法。

任务1 混酥的制作——开口笑的制作

🧁 主题知识

油酥面团中使用较多的是起酥油（猪油、黄油、麦淇淋）、低筋粉、水。其次，根据制品的要求，还可以添加鸡蛋、白糖、盐等辅料。起酥油品牌有车轮牌起酥油、南桥牌麦淇淋、正义牌猪油、新福牌猪油等。根据气候状况不同，夏季气温高宜采用硬度较高的起酥油，冬季气温较低，宜采用硬度较低的猪油，也可以根据制作时天气温度将软硬度不一样的猪油混合使用，以达到酥层清晰、不含油的出酥效果。

开口笑的制作

🧁 面点工作室

4.1.1 起酥油

1）起酥油的基础知识

在油酥面团中，用油脂与面粉调制成团时，油脂黏附在粉粒表面，使面团具有表面张力，即表面具有自动收缩的特性。油膜的收缩力可以把面粉颗粒吸附，但是面粉颗粒之间连接不太紧密，与水油皮相比就松散了许多（这也是表面张力的缘故）。面粉颗粒被油膜隔开，使颗粒之间存在空气，即存在液—空界面，液体与气体接触时，其表面积自动缩小，使被油膜隔开的面粉颗粒之间的间隙增大，因此成品松散。

水油皮酥中，可分为水油皮、油酥两种。水油皮是由水、油与面粉混合调制而成，加入了水，面粉中的蛋白质吸水形成了面筋网络。但是，由于水油皮中含有大量油脂，限制了蛋白质的吸水能力，阻碍了面筋网络的形成。油脂越多，蛋白质吸水量就越少，形成的面筋就越少。油脂又在面粉颗粒周围形成油膜，使已经形成的面筋微粒不易彼此黏合在一起，形成大块面筋。因此，水油皮虽有韧性，但是比水调面团的韧性要小。同时，一部分面粉与油结合，产生了油酥的结构，具有起酥发松的特性。遇热后油脂以团状或条状存在于面团中，在这些团状或条状的油脂内的空气，遇热后膨胀，并向两相的界面移动，使制品内部结构破裂成很多孔隙而成片状或椭圆形的多孔结构，即制品成熟后形成酥层。

调制油酥面团时，需要用手掌反复地"擦"，擦可扩大油脂和面粉颗粒的接触面，使油脂与面粉颗粒紧密结合，形成"团状"。当油脂与面粉调制成团时，油脂便分布在面粉中的蛋白质或面粉颗粒周围形成油膜。由于油脂中含有大量疏水基，限制了蛋白质吸水作用，阻止了面筋的形成。因为油酥调制时不加水，蛋白质不能形成面筋网络结构，淀粉也不能胀润糊化增加黏度，所以，油脂和面粉的结合比较松散，缺乏韧性、弹性，使制品时形成酥、松的质感。

油酥面团正是利用油酥、水油皮两种面团特性，利用油酥的酥性做心，水油皮具有韧性，经过多次擀、卷、叠制成油酥面团。因油酥和水油皮是层层相间隔，经加热时，皮层中水分在烘烤时汽化，层次中有一定的空隙。另外，油酥中的面粉和部分油脂通过高温加热时会溶解，使制品结构层次清楚，薄而分明。油膜使面筋不发生粘连，起到分层的作用，这就是油酥面团制作酥皮点心起层的原理，既可加工成形，又能加热不散。

油脂或多或少有一定的颜色，但是在制作面点时并非直接应用油脂本身的颜色，而是利用油脂在烹饪中起着良好的导热作用，使面点在加热过程中颜色保持稳定或是发生一定的改变。油炸食品的表面往往呈现出金黄色或黄褐色，这是油脂在高温的作用下，制品中所含羰基化合物（如糖类）与含氨基化合物（如蛋白质、氨基酸）发生化学反应。同时，在油炸过程中，油脂中的一些脂溶性色素也有部分粘连，吸附在被炸制品的表面使制品着色。由于炸制时的油温不同，制品在不同温度的作用下呈现洁白、浅黄和金黄等多种色泽。

2）油脂在面点中使用的注意事项

①根据制品要求，选用合适的油脂，要使色泽洁白的制品必须选用猪油或色拉油。

②操作时掌握好油温，要使色泽洁白必须使用中低油温，一般为110～150 ℃，但是油脂的温度又不能过低，否则会导致制品灌油，食用时有油腻感。而对于要求色泽金黄的制品，下锅时也不能采用高油温，油温尽量控制在120 ℃左右，否则会导致制品外焦里不熟的现象，待制品成熟后再升温复炸使其上色。

③油脂不宜长时间高温加热。反复煎炸食物的油脂，由于长时间高温加热，不仅会破坏维生素A和维生素E等，营养价值大大降低，而且还会产生强致癌物苯并芘。

4.1.2　面粉

油酥面团多采用低筋粉。尤其是单酥制品，如广式点心开口笑，一般采用"叠"的方式使面粉成团即可，不能过度揉面，否则会使面团上劲，进而影响制品酥脆的口感。低筋粉中面筋质含量低，调制时不易上劲，符合制作油酥面团的要求。对酥层要求清晰的制品，可以适当增加水油面团的筋性，减少猪油的使用量。面粉采用中筋粉或者高、低筋面粉的混合粉，而油酥采用低筋粉。

4.1.3　学学练练

1）训练原料

低筋面粉250克，糖125克，泡打粉4克，猪油35克，鸡蛋1只，清水等适量，芝麻200克。主要原料如图4.2所示。

2）训练内容：开口笑制作

制作方法：

①将糖、油、蛋充分融合，搅拌均匀，如图4.3所示。

②将泡打粉与面粉混合均匀，用刮板将混合好的面粉刮到①中的混合液上，洒上清水，用手掌压面，反复压面，把面压成方块状，饧发20分钟，如图4.4所示。将饧好的面块用刀切成长条，改刀成1.5～2厘米见方的丁，用手搓圆即成开

图 4.2　主要原料

口笑生坯，如图 4.5 所示。

图 4.3　准备调面

图 4.4　压面成团

图 4.5　开口笑剂子

③将开口笑生坯洒上清水，均匀地裹上芝麻，待用，如图 4.6 所示。油温烧至五成热后，转小火，将开口笑生坯下锅，炸至金黄，开口后出锅，如图 4.7 所示。

④控油。装盘，如图 4.8 所示。

图 4.6　粘芝麻

图 4.7　油炸

图 4.8　装盘

3）操作要求

①油、糖、蛋要充分融合、调匀。
②调面时采用压面的形式，防止面团上劲。
③油温应控制在五成热以下。

操作评分表			日期：____年__月__日	
	项目	考核标准	配分	备注
通用项配分（100分）	成团过程（30分）	操作流程规范，调面技法正确，原料使用适中		
	作品观感（50分）	大小一致，色泽金黄，入口香甜酥脆		
	上课纪律（10分）	服从指挥，认真学习，相互协作学习		
	安全卫生（10分）	过程整洁卫生，个人着装、卫生符合要求		
合计				
成功点		注意点		
			评分人 _____	

🧁 佳作欣赏

如图 4.9 所示。

图 4.9　广式月饼

🧁 知识链接

擘酥的制作

擘酥是广式面点中最常用的一种油酥面团，用猪油掺面粉调制的油酥（放冰箱冷冻至合适的硬度）和水、糖、鸡蛋等掺面粉调制的水面（或水蛋面）组成。两者比例为 3∶7。先将冻硬的油酥取出，平放在案板上，用走槌擀压成合适厚度的矩形块；然后取出水面，擀压成油酥 2 倍大的块；再将油酥放在水油皮上，用走槌擀压，折叠 3 次（每次折成 4 折）；最后擀制成矩形块，放入方正的容器里，置于冰箱内冷冻半小时即可。随用随取。

🧁 拓展训练

试试调制油酥和水油皮。

讨论：1. 调制油酥以后，如何去除手上的猪油？

2. 油酥调制时间是否越长越好？为什么？

3. 水油皮的软硬度与水调面相比，情况如何？会不会黏手？如果黏手，如何解决？

🧁 任务评价

开口笑训练评价表（A，B，C）			
评价方向 / 评价人	自我评价	小组评价	教师评价
数量			
大小			
色泽			
口感			

🧁 学习与巩固

1. 制作油酥面团的原料有_____、_____、_____等。
2. 起酥油使用时应注意的事项有_____、_____、_____3点。
3. 开口笑的特点是_____、_____。

🧁 课后作业

<table>
<tr><th colspan="4">家校信息反馈表</th></tr>
<tr><td>学生姓名</td><td></td><td>联系电话</td><td></td></tr>
<tr><td>面点名称</td><td>开口笑</td><td>完成情况</td><td></td></tr>
<tr><td>面点制作原料
及过程
（学生填）</td><td colspan="3"></td></tr>
<tr><td>检查或品尝后
的建议</td><td colspan="3">家长（夜自修教师）签名：
日期：</td></tr>
</table>

🍳 任务 2　起酥的制作——各种暗酥的制作

🧁 主题知识

　　水油面皮酥是酥皮类的一种，在餐饮行业应用非常广泛。水油面皮酥制品制作复杂，过程复杂，制作难度较大。根据成品特点，可分为暗酥、半明半暗酥、明酥 3 类。根据起酥方法不同，分为圆酥、直酥、排丝酥等。

**梅子菜酥饼
的制作**

🧁 面点工作室

4.2.1　水油面皮酥的定义和特点

　　水油面皮酥是用适量的水、油、面粉拌和调制而成，是水油皮包裹油酥经起叠酥而成的一类油酥制品。酥皮面团一般由两部分组成，即油酥和水油皮。水油皮具有水调面和油酥面两种面团的特性，既有水调面的韧性和延伸性，又有油酥面的酥松性、润滑性。油酥和水油皮如图 4.10 所示。

图 4.10　酥心和酥皮

4.2.2　水油面皮酥的调制方法及配方

水油面皮酥的调制由调制面团和包酥两个步骤构成。

1）调制面团

（1）调制油酥

油酥是用油脂与面粉"擦"制而成的。具体制作方法是取面粉 500 克，加入 250~280 克起酥油拌和，如图 4.11 所示。然后用手掌一层一层地向前推擦，反复擦至无干粉粒，油脂与面粉充分黏结成团为止，如图 4.12 所示。

（2）调制水油皮

水油皮是用面粉、油脂及水拌制而成的，面粉、油脂与水的比例为 1：0.2：0.45。具体制作方法是：取 500 克面粉放案板上，加入 100 克油脂和 225 克清水（根据天气温度、加油量和制作时间的长短确定加水量），如图 4.13 所示。拌和成雪花面，然后揉成光滑的面团，如图 4.14 所示。根据面粉的筋性不同饧面 5~20 分钟。

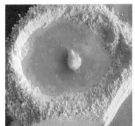

图 4.11　起酥油和面粉　　　图 4.12　擦酥　　　图 4.13　水、油、面粉　　　图 4.14　揉水油面

2）包酥

包酥又称开酥、破酥、贴酥和起酥，即以水油面做皮，以油酥做心，将油酥包在水油面团内，制作成酥皮。一般分为大包酥和小包酥两种。大包酥是先将油酥包入水油面团内，如图4.15所示，封口，按扁，擀成矩形薄片并卷成适当粗细的条，再根据制品的定量标准下剂。小包酥的制法与大包酥基本相同，只是面团较小，一般一次只制1个或几个剂坯。如果制作酥层清晰的制品，对起叠酥的要求较高，一般采用叠酥的方法，然后再开酥，如图4.16所示。根据制品要求包制不同的造型，如葫芦、南瓜、荷花、

苹果等。

图 4.15 大包酥

图 4.16 开直酥

4.2.3 学学练练

1）训练原料

低筋面粉 500 克，猪油 200 克，30 ℃的清水 100 克，豆沙馅 100 克，萝卜丝 200 克，鸡蛋 2 只，白芝麻 200 克。

2）训练内容

①按照配方调制油酥以及水油皮，自行起叠酥。
②制作双麻酥饼、萝卜丝酥饼。

3）制作方法

双麻酥饼的制作：

双麻酥饼是苏式点心中常见暗酥品种，因其正反两面均匀粘连芝麻而得名。双麻酥饼以前采用"先烙后炸"的成熟方法，现在多采用"先炸后烤"的成熟方法。为防止制品含油量过多，可直接刷蛋黄液用烤箱烤制成熟。制作双麻酥饼是学习明酥酥点的基础，酥饼对层次要求不高，制作简单，易于学习。

制作双麻酥饼的主要原料如图 4.17 所示，主要工具如图 4.18 所示。

图 4.17 主要原料

图 4.18 主要工具

双麻酥饼的制作过程：

①调制油酥和水油皮，用水油皮包裹油酥，如图 4.19 所示。四周按实，用刀切去多余的水油皮，如图 4.20 所示。

②擀制，将包好的油酥面团顺长边擀成薄片状，如图 4.21 所示。叠酥，如图 4.22 所示。

③再次顺长边擀成长方形片状，如图 4.23 所示。叠 4 折，如图 4.24 所示。擀开，对叠，再次擀开。

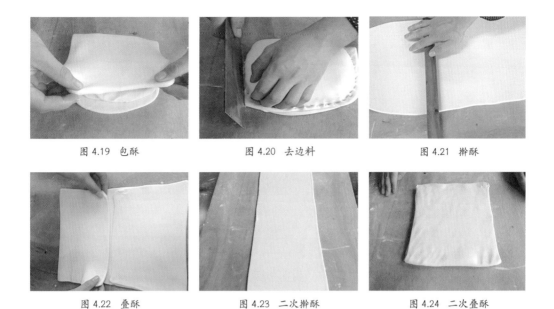

图 4.19 包酥 图 4.20 去边料 图 4.21 擀酥

图 4.22 叠酥 图 4.23 二次擀酥 图 4.24 二次叠酥

④擀成厚约 0.3 厘米的酥皮，用直径 8 厘米的圆形模具按压出酥皮，如图 4.25 所示。刷蛋黄液，包入 10 克左右豆沙馅，如图 4.26 所示。

⑤按成厚度 0.8 厘米的圆饼，两面刷蛋黄液，如图 4.27 所示。两面均匀地粘上芝麻，即成双麻酥饼生坯，如图 4.28 所示。

⑥把双麻酥饼生坯放入刷了一层油的烤盘，放入预热至 180 ℃的烤箱，如图 4.29 所示。上火 180 ℃，下火 180 ℃，烤制 15 分钟。取出装盘，如图 4.30 所示。

图 4.25 压出圆形酥皮 图 4.26 上馅 图 4.27 刷蛋黄液

图 4.28 粘芝麻 图 4.29 放进烤盘 图 4.30 装盘

萝卜丝酥饼的制作：

原料如图 4.31 所示。起叠酥如双麻酥饼，包入萝卜丝馅，即成萝卜丝饼生坯，如图 4.32 所示。

其他过程与双麻酥饼相同。放进预热至 180 ℃的烤箱，上火 180 ℃，下火 180 ℃，烤制 15 分钟。取出装盘。如图 4.33 所示。

图 4.31 萝卜丝酥饼原料

图 4.32 包萝卜丝馅

图 4.33 萝卜丝酥饼

4）操作要求

①水、油、面的配比得当。一般情况下，油酥中面粉和猪油的比例为 2 : 1，水油皮中猪油的含量控制在 10%~20%，水 50% 左右。

②水温应控制在 30 ℃。

③油酥和水油皮的软硬度一致，两者的比例为 5 : 5。

<table>
<tr><td colspan="6" align="center">操 作 评 分 表　　　　　日期：_____ 年 ___ 月 ___ 日</td></tr>
<tr><td></td><td>项目</td><td>考核标准</td><td>配分</td><td>备注</td></tr>
<tr><td rowspan="4">通用项配分
（100 分）</td><td>调面过程（30 分）</td><td>油酥、水油皮操作流程规范，调面技法正确，原料配比精准</td><td></td><td></td></tr>
<tr><td>包酥过程（50 分）</td><td>两团面比例控制在 4 : 6 或 5 : 5，包酥匀称严密</td><td></td><td></td></tr>
<tr><td>起酥过程（10 分）</td><td>认真学习，擀面杖轻重控制有节</td><td></td><td></td></tr>
<tr><td>两种暗酥的制作过程
（10 分）</td><td>包酥过程整洁卫生，作品大小一致，粘芝麻干净利落</td><td></td><td></td></tr>
<tr><td colspan="2">合计</td><td></td><td></td><td></td></tr>
<tr><td colspan="2">成功点</td><td colspan="2">注意点</td><td></td></tr>
<tr><td colspan="5" align="right">评分人 _____</td></tr>
</table>

🧁 佳作欣赏

如图 4.34 所示。

图 4.34 梅干菜酥饼

知识链接

萝卜丝馅心的制作

萝卜丝馅心的制作方法如下：先将白萝卜洗净去皮，切成细丝，用少许盐腌渍去除水分和辛辣味，挤干水分待用。将熟火腿末与萝卜丝拌匀，调咸鲜味即可。也可用鲜肉代替熟火腿肉，将鲜肉末上锅煸香，加酱油等调味品，与萝卜丝拌匀，调制咸鲜味，勾芡，出锅冷却后放冰箱冷藏。

复习训练

1. 自行调制油酥以及水油皮。

2. 调制萝卜丝馅心。

讨论：1. 按照标准配方调制的油酥和水油皮的软硬度如何？

2. 起叠酥的效果如何？

任务评价

<table>
<tr><th colspan="4">双麻酥饼（萝卜丝酥饼）训练评价表（A，B，C）</th></tr>
<tr><th>评价方向／评价人</th><th>自我评价</th><th>小组评价</th><th>教师评价</th></tr>
<tr><td>数量</td><td></td><td></td><td></td></tr>
<tr><td>大小</td><td></td><td></td><td></td></tr>
<tr><td>色泽</td><td></td><td></td><td></td></tr>
<tr><td>口感</td><td></td><td></td><td></td></tr>
</table>

学习与巩固

1. 酥皮面团一般由_____和_____两部分组成。

2. 调制油酥面团首先要调制油酥。油酥是用_____和_____"擦"制而成的。水油皮是用_____、_____和_____ 3 种原料按照一定比例调制而成的，3 种原料比例为 _____：_____：_____。

3. 水油皮具有水调面和油酥面两种面团特性，既有水调面的_____和_____，又有油酥面的_____和_____。

🧁 课后作业

家校信息反馈表			
学生姓名		联系电话	
面点名称	1. 调制油酥 2. 调制水油皮 3. 起叠酥 4. 酥饼包馅情况	完成情况	
面点制作原料 及过程 （学生填）			
检查或品尝后 的建议		家长（夜自修教师）签名： 日期：	

🍳 任务 3　菊花酥、佛手酥、天鹅酥的制作——半明半暗酥的制作

🧁 主题知识

调制水油皮必须根据比例添加水分，水温一般控制在 30 ℃左右，将水、油与面粉调和均匀调制成面团。面团拉抻时不断不裂，再揉搓成光滑的面团。

菊花酥的制作

🧁 面点工作室

4.3.1　油酥面团的辅助原料

1）鸡蛋

调制单酥类及混酥类油酥时，为了改善口感和营养需要添加鸡蛋，在 250 克面粉中加入 1 只鸡蛋。而层酥类制品在调面过程中不加鸡蛋，仅在油酥叠酥和接口处使用蛋黄液。大量实践证明，蛋黄液的连接效果强于蛋清，口感也比较酥脆。

2）白糖

为了增添油酥的诱人色泽，同时增加油酥的酥脆口感，可以在层酥类制品中添加适量白糖。一般 500 克面粉添加 40 克左右白糖，混酥类制品同样可添加白糖。

3）盐

为了增加水油皮的筋性，使之在起叠酥过程中有较好延伸性，在调制水油皮时适当加些盐，一般 100 克面粉添加 1 克左右的盐。

4.3.2 水油面皮酥类的制作工具

1）擀面杖或走锤

新启用的木质或竹质擀面杖或走锤最好刷上色拉油，在阴凉通风处晾 24 小时，使擀面杖或走锤充分吸油，在使用其起酥时不会粘连。

2）片刀

用来开酥。

3）各式刷子

粗刷子用来刷大面积的面皮，如叠酥过程中面团连接；细刷子用来刷制品接口处。

4）温度计和炸油酥工具

温度计需要耐高温的，以最高可测温度 300 ℃为宜。炸制油酥的工具为平面型漏勺。主要工具如图 4.35 所示。

5）各种自制模具

如花瓶酥模具、花篮酥模具、小鸟酥模具、金鱼酥模具等。主要自制模具如图 4.36 所示。

图 4.35 主要工具　　　　　　图 4.36 主要模具

4.3.3 学学练练

1）训练原料

低筋面粉 500 克，猪油 200 克，30 ℃的清水 100 克，豆沙馅 200 克，鸡蛋 1 只，黑芝麻等适量。

2）训练内容

①按照配方调制油酥和水油皮，自行起叠酥。
②制作菊花酥、佛手酥、天鹅酥。

菊花酥的制作：

①主要原料和主要工具，如图 4.37 和图 4.38 所示。

②包酥、擀制、叠制，方法同任务2中的图4.19～图4.22。用直径8厘米的圆形模具下剂，剂子刷上蛋黄液，如图4.39所示。包入豆沙馅，如图4.40所示。

③整形成薄酥饼状。用刀切出12等分纹路，即成菊花酥生坯，如图4.41所示。菊花酥生坯表面刷蛋黄液，放入预热至180 ℃的烤箱，上火180 ℃，下火180 ℃，烤制15分钟，取出装盘，如图4.42所示。

图 4.37　主要原料

图 4.38　主要工具

图 4.39　刷蛋黄液

图 4.40　上馅

图 4.41　菊花酥生坯

图 4.42　菊花酥成品

佛手酥的制作方法：

如图 4.43～图 4.46 所示。

图 4.43　包馅整成手型

图 4.44　切成手指形状

图 4.45　卷起

图 4.46　烤制成熟

天鹅酥的制作方法：

如图 4.47 和图 4.48 所示。

图 4.47　天鹅酥生坯

图 4.48　天鹅酥成品

3）操作要求

①水油皮和油酥比例恰当，一般为 5：5 或 6：4。

②制作各种作品时，下刀准确。

③控制烤箱温度，及时刷蛋黄液。

操 作 评 分 表

日期：_____年___月___日

	项目	考核标准	配分	备注
通用项配分（100分）	调面过程（30分）	油酥、水油皮操作流程规范，调面技法正确，原料配比精准		
	包酥过程（50分）	两团面比例控制准确，包酥匀称合理		
	起酥过程（10分）	快速起酥，擀面杖轻重控制有节		
	三种酥点制作过程（10分）	下刀准确，间距一致，馅心和酥皮相得益彰，烤制后制品表面金黄，酥香扑鼻		
合计				
成功点		注意点		
			评分人 _____	

🧁 佳作欣赏

如图 4.49 所示。

图 4.49　蜗牛酥

🧁 知识链接

半明半暗酥是酥层一部分显露在外一部分藏在里面的油酥制品。其特点是成熟后胀发较暗酥制品大。一般适宜制作果品类以及造型简单的花色酥点。

🧁 复习训练

1. 调制油酥和水油皮。

2. 起叠酥训练。

讨论：1. 烤箱烤制的酥点在调制面团时需要注意哪些问题？

2.如何快速起叠酥？如何防止酥皮粘连案板？

🧁 任务评价

菊花酥等训练评价表（A，B，C）			
评价方向 / 评价人	自我评价	小组评价	教师评价
数量			
大小			
色泽			
口感			

🧁 学习与巩固

1.酥皮面团一般由两部分组成，即_____和_____。

2.调制油酥面团首先要调制油酥。油酥是用_____和_____"擦"制而成的。其次调制水油皮。水油皮是用_____、_____和_____ 3 种原料按照一定比例调制而成。传统 3 种原料配方为_____：_____：_____。

3.水油皮具有水调面和油酥面两种面团特性，既有水调面的_____和_____，又有油酥面的_____和_____。

🧁 课后作业

家校信息反馈表			
学生姓名		联系电话	
面点名称	1. 油酥 2. 水油皮 3. 菊花酥 4. 佛手酥	完成情况	
面点制作原料及过程（学生填）			
检查或品尝后的建议	家长（夜自修教师）签名： 日期：		

任务 4　兰花酥、麻花酥的制作——半明半暗酥的制作

🧁 主题知识

油酥的馅心一般分为甜馅和咸馅。甜馅有豆沙馅、莲蓉馅、各种水果馅、五仁馅、芝麻馅、芸豆馅等。咸馅有萝卜丝馅、梅干菜馅、咸蛋黄馅、肉松馅等。

兰花酥的制作

🧁 面点工作室

4.4.1　油酥甜馅的调制

油酥甜馅包括泥蓉馅（即以植物的果实或种子为原料，碾磨成泥，再用糖、油炒制而成）和水果馅。泥蓉馅通常使用豆沙、枣泥、薯泥、豆蓉、莲蓉、麻蓉等。水果馅通常有苹果馅、榴莲馅、芒果馅、草莓馅等。

1）豆沙馅

豆沙馅以红豆、白糖和色拉油为主料。制作方法是：将红豆洗净倒入锅内，加水（每500 克红豆加 1.25 ~ 1.5 升水，10 克食用碱）煮烂，取出冷却。用细筛去皮、杂质等，将去皮后的粉浆控干水分，倒入锅内，加色拉油、白糖同炒。每 500 克红豆加 500 ~ 600 克糖，150 ~ 200 克油，25 克肉桂粉或玫瑰酱，炒至豆沙成稠浓状且不粘手为止（结合模块 3 任务 5）。其质量标准是：黑褐色，光亮，细而不腻，甜而爽口。

2）枣泥馅

枣泥馅配方是：500 克红枣（或黑枣）， 250 克白糖，100 克油（一般用花生油，如用香油或猪油，成品质量更好）。具体制法是：先将枣用冷水洗净，浸泡 1 ~ 2 小时（冷天用温水），搓去外皮，上笼蒸烂（或煮烂），晾凉，用细筛搓去枣核（搓时须戴手套），擦成枣泥。再将油入锅烧热，倒入白糖熬熔，然后放入枣泥同炒，炒约 1 小时，炒至枣泥上劲不黏，枣的香甜味四溢时盛起，放在容器内冷却即成。

3）莲蓉馅

莲蓉馅以莲子、白糖为主料，配以猪油、桂花酱（或青梅酱）等制成，投料比例，一般是每 500 克莲子配 250 ~ 500 克糖，100 ~ 200 克油。莲蓉馅的制作步骤和过程如下：

①发莲子。发莲子有两种方法：一种是将莲子放入锅内，加入沸水（没过莲子）和少许食用碱，用刷子快速刷，水一现红，马上倒出，再换新水，继续刷擦，反复 3 ~ 4 次，直至把莲子刷出白肉；另一种是把锅架在火上，下温水和莲子（水位没过莲子约 6 厘米），加食用碱，用刷子搓刷，约 10 分钟，即可褪尽红皮。如水太热时，要适量加些冷水降温。

②去苦心。莲心味苦，影响口味。一般先用小刀将莲子两端削去一点，再用竹签捅出苦

心。在去苦心时，莲子必须放在温水中，不能放入冷水中，否则，蒸时莲子不易蒸熟烂。

③蒸熟烂。取出苦心的莲肉，上锅蒸至熟烂为止。晾凉后，或搓擦成泥，或用料理机打碎成泥。这种莲泥，俗称莲蓉。

④炒蓉。锅烧热放油，油热后先下少许白糖，糖稍熔化（要保持白色，不能炒黄）立即倒莲蓉，不停用锅铲推动翻炒，然后继续加糖，炒至稠浓，水汽蒸发，不粘锅与铲时出锅，晾凉，拌入桂花酱（或青梅酱）等即成莲蓉馅。

4）果仁蜜饯馅

先将果仁炒（或烤）熟，与蜜饯一起切成细粒，再与白糖等擦制成的甜味馅。常用果仁有：花生仁、芝麻仁、瓜子仁、松子仁、核桃仁、杏仁等；常用蜜饯有：瓜条、青红丝、桃脯、杏脯、梨脯、葡萄干、蜜枣、橘饼等。

五仁馅的制法。投料标准各地有别，一般为：250克核桃仁，150克瓜子仁，250克松子仁，250克花生仁，150克杏仁，1.25千克白糖，1.25千克板油丁。先将核桃仁、花生仁用开水浸泡去皮，炸黄剁碎，松子仁也炸黄，连同杏仁一起剁碎，然后加入瓜子仁、白糖、板油丁，一起拌和，用劲擦匀擦透即成五仁馅。

5）芸豆馅

芸豆馅色白，常用于竞赛品种的馅心。具体制法如下：芸豆泡水涨发，去尽豆皮。加适量水用高压锅煮烂芸豆。擦沙，或者用料理机搅碎成芸豆泥。炒锅上火，放入适量色拉油或者黄油，下入芸豆泥、白糖，小火熬制，待水分蒸发完毕即成芸豆馅，将芸豆馅盛出晾凉待用。

6）奶黄馅

原料：鸡蛋2只约100克，细砂糖200克，黄油50克，面粉50克，牛奶100毫升。

制法：鸡蛋中加入细砂糖，搅打至糖完全融化再加入牛奶。加入牛奶搅打均匀后将牛奶蛋黄液过筛，滤去蛋黄液中的杂质和气泡。在蛋黄液中筛入面粉，放入融化好的黄油搅拌均匀（黄油可不必搅打至无颗粒状）。将搅拌好的蛋液上锅蒸，蒸奶黄馅的过程中，中途要每隔5分钟拿出搅拌一下，一共搅拌3次，蒸15分钟即可。这样蒸出的奶黄馅熟得更加均匀。蒸好的奶黄馅晾凉后用手搓匀（这样奶黄馅口感更加细腻），整理成形备用。

4.4.2 学学练练

1）训练原料

低筋面粉500克，猪油200克，30℃清水100克，鸡蛋1只。

2）训练内容

①按照配方调制油酥和水油皮，自行起叠酥。

②制作兰花酥、麻花酥。

兰花酥的制作：

兰花酥外形似兰花，是典型的半明半暗酥，也是中式面点师职业资格考试的品种之一。兰花酥的起叠酥的方法与麻花酥几乎一致，只是在成形时有所不同，对刀工要求比较高。

以下是兰花酥的具体制作过程：

①主要原料和主要工具，如图 4.50 和图 4.51 所示。

②包酥、擀制、叠制，方法同任务 2 中的图 4.19～图 4.24 所示。用片刀切成边长为 6 厘米的正方形酥皮，如图 4.52 所示。改刀如图 4.53 所示。

③兰花酥坯皮接口处用蛋黄液粘连，即成兰花酥生坯，如图 4.54 所示。油锅上火，倒入色拉油，油温升至 125 ℃时，将兰花酥生坯放入漏勺，如图 4.55 所示。

图 4.50 主要原料

图 4.51 主要工具

图 4.52 兰花酥坯皮

图 4.53 坯皮改刀

图 4.54 兰花酥生坯

图 4.55 炸制

④将兰花酥静养至出层次，浮起，如图 4.56 所示。油温升至 150 ℃时，将兰花酥炸至色泽淡黄出锅装盘，如图 4.57 所示。

图 4.56 出层次

图 4.57 兰花酥成品

麻花酥的制作：

麻花酥形似麻花，是半明半暗酥的品种之一，也是中式面点师职业资格考试品种。制作麻花酥要运用起叠酥的方法，也要有一定的刀工。原料以及起叠酥同兰花酥。用片刀切成 8 厘米长、3 厘米宽的长方形酥皮，顺长改三刀，一长两短，由中间翻转成麻花酥生坯，如图 4.58 所示。炸制麻花酥需要的油温同兰花酥，麻花酥炸至表面金黄即可出锅装盘，如图 4.59 所示。

图 4.58 麻花酥生坯

图 4.59 麻花酥成品

3）操作要求

①掌握好兰花酥或麻花酥生坯坯料大小。

②兰花酥粘连时注意纹路朝上，以连接点为一个中心。

③起叠酥动作连贯，用力均匀。

④用刀注意安全，下刀果断、准确。

操 作 评 分 表

日期：_____年__月__日

	项目	考核标准	配分	备注
通用项配分 （100分）	调面过程（30分）	油酥、水油皮操作流程规范，调面技法正确，原料配比精准		
	包酥过程（50分）	两团面比例控制在4：6或5：5，包酥匀称合理		
	起酥过程（10分）	认真学习，擀面杖轻重控制有节		
	两种酥点制作过程 （10分）	下刀准确，大小一致，尺寸合理，酥层清晰，形似兰花和麻花		
合计				
成功点		注意点		
			评分人 _____	

🧁 佳作欣赏

如图 4.60 所示。

图 4.60 梅花酥

🧁 复习训练

1. 练习制作兰花酥和麻花酥。
2. 根据图片学习制作风车酥和领结酥。
3. 和同学一起调制豆沙馅心。
讨论：1. 如何使用黄油起酥？
　　　2. 如何防止黄油在起叠酥过程中融化？

🧁 任务评价

兰花酥、麻花酥训练评价表（A，B，C）			
评价方向 / 评价人	自我评价	小组评价	教师评价
数量			
大小			
色泽			
口感			

🧁 学习与巩固

1. 油酥的馅心一般分为两种，即_____和_____。
2. 泥蓉馅通常使用的有_____、_____、_____和_____等。其中，豆沙馅是用_____、_____和_____ 3种原料为主料按照一定比例调制而成，其质量标准是_____、_____和_____。

🧁 课后作业

家校信息反馈表			
学生姓名		联系电话	
面点名称	1. 麻花酥 2. 兰花酥	完成情况	
面点制作原料及过程 （学生填）			
检查或品尝后的建议	家长（夜自修教师）签名： 日期：		

任务 5　荷花酥、百合酥的制作——半明半暗酥的制作

主题知识

　　甜馅是油酥制品的常用馅心。常用泥蓉类甜馅在任务 4 中已做介绍，本节内容重点介绍各种水果馅，如榴莲馅、草莓馅、苹果馅、芒果馅等。水果富含维生素、无机盐，是纯天然的健康食品，目前被广泛运用在油酥制品中。

荷花酥的制作

面点工作室

4.5.1　油酥甜馅的调制

　　油酥甜馅包括泥蓉馅（即以植物的果实或种子为原料，加以成泥，再用糖、油炒制而成）和水果馅。泥蓉馅通常使用豆沙、枣泥、薯泥、豆蓉、莲蓉、麻蓉等。水果馅通常有榴莲馅、草莓馅、苹果馅、芒果馅等。

　　1）泥蓉馅

　　见任务 4。

　　2）水果馅

　　（1）榴莲馅

　　榴莲去掉外皮和核，加入盐和糖，搅拌至无颗粒后放置几个小时即成榴莲馅。也可以将榴莲肉、鸡蛋、面粉、椰汁按照一定配比，上笼蒸制，冷却后放冰箱冷冻保存即成。

　　（2）草莓馅

　　①原料。草莓 300 克，白砂糖 100 克，柠檬汁一大匙，干淀粉适量。

　　②制作方法。将洗净、去蒂的草莓和糖放入稍大的耐热容器中，放入微波炉，加热约 10 分钟（加热时不需要用保鲜膜覆盖）。用竹勺（或铲）将草莓捣碎，搅均匀，加入柠檬汁、干淀粉后再搅拌，然后用微波炉加热 5~8 分钟，取出晾凉即成。

　　（3）苹果馅

　　苹果切小丁，加糖腌制片刻，挤去水分。放进锅内、加黄油炒至苹果丁熟软，勾牛奶芡即成苹果馅。

　　（4）芒果馅

　　芒果去皮与核，取出果肉，加入奶粉、粟粉拌至无粉颗粒。中火加热煮沸后转小火，煮至浓稠即可关火，放凉即成。煮好的芒果馅放冰箱冷藏待用。

4.5.2　油酥咸馅的调制

　　1）萝卜丝馅

　　用于萝卜丝酥饼，制作方法见任务 2。

2）素菜馅

主料可以是菠菜、马兰头、荠菜等，以荠菜最佳。调料根据口味而定，配料有火腿、冬笋（或玉兰片）、猪板油等。

具体制法：沸水锅焯水后（加适量食用碱），迅速用冷水浸凉，挤去水分，剁碎。猪板油切丁，冬笋、火腿切小片。然后将上述原料全部放在容器中混合均匀，拌入盐、味精、麻油等调味成馅。

3）素什锦馅

主要原料：青菜、黄花菜、笋尖、冬菇。

调味品：花生油（或大豆油）、酱油、盐、味精、糖、姜末、葱末、香油。

具体制法：

①将青菜洗净，除去老叶和根，先放入沸水内焯水后捞起，再放入冷水中浸凉捞出，挤干水分（不必挤得太干），剁成细末，放在盆内。

②黄花菜、冬菇等用温水浸泡挤去水分切末，笋尖用开水煮软，挤干水分，剁碎。

③用花生油炝锅，将黄花菜、笋尖、冬菇末下锅煸炒，加入酱油、糖、盐等调味品拌炒几遍出锅，冷透后与青菜一起拌和（还可加些干配料，如细粉条、豆腐干丁等），放少许白糖和味精调味即成素什锦馅。

4）梅干菜肉馅

主要原料有梅干菜和猪肉（可以是鲜肉或腊肉，腊肉风味更佳）。剁碎后，用葱末、盐、味精拌匀，或上锅卤制入味即成梅干菜肉馅。苏式点心将这种馅调成甜馅，其他地方大多调制成咸馅。

5）流沙馅

主要原料有蒸熟的咸鸭蛋黄、黄油、鲜奶油、湿淀粉。熟咸鸭蛋黄碾成细沙，用黄油煸炒出香味，倒入鲜奶油，用湿淀粉勾芡，冷却后即成流沙馅。

4.5.3 学学练练

1）训练原料

低筋面粉 500 克，猪油 200 克，30 ℃的清水 100 克，豆沙馅 200 克，鸡蛋 1 只。

2）训练内容

按照配方调制油酥和水油皮，自行起叠酥。

荷花酥的制作：

①主要原料如图 4.61 所示。工具有片刀、刷子、刀片等，主要工具如图 4.62 所示。

图 4.61　主要原料

图 4.62　主要工具

②包酥如图 4.63 所示。顺长边擀成长方形，两头切方正，如图 4.64 所示。

③叠酥如图 4.65 所示。擀成长方形，如图 4.64 所示。按此方法叠 3 次，擀成长方形，中间切开，两片叠起，如图 4.66 所示。

④擀成约 0.5 厘米厚的酥皮，用直径 8 厘米的圆形模具按出坯皮，如图 4.67 所示。每只坯皮的一面刷蛋黄液，将豆沙馅搓成每只豆沙馅重 12 克的球待用，如图 4.68 所示。

图 4.63　包酥

图 4.64　擀酥

图 4.65　叠酥

图 4.66　第三次叠酥

图 4.67　下酥皮

图 4.68　刷蛋黄液

⑤包入豆沙馅，收口朝下，如图 4.69 所示。用刀片将生坯划三刀，6 等分，即成荷花酥生坯，如图 4.70 所示。

图 4.69　包馅

图 4.70　开荷花酥花瓣

⑥油锅上火，倒入色拉油，油温至 125 ℃，将荷花酥生坯底部刷蛋黄液放入漏勺，下锅静养，如图 4.71 所示。油温升至 150 ℃，荷花酥炸至色泽淡黄出锅装盘，如图 4.72 所示。

图 4.71　炸制

图 4.72　荷花酥成品

百合酥的制作：

①起酥过程与荷花酥相同，包入豆沙馅，收口朝下，如图 4.73 所示。用刀片将生坯划两刀，4 等分，即成百合酥生坯，如图 4.74 所示。

图 4.73　包馅

图 4.74　百合酥生坯

②油锅上火，倒入色拉油，油温至 125 ℃，将百合酥生坯底部刷蛋黄液放入漏勺，下锅静养至发酥后，如图 4.75 所示。油温升至 150 ℃，百合酥炸至色泽淡黄出锅装盘，如图 4.76 所示。

图 4.75　炸制百合酥

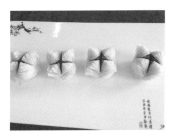

图 4.76　百合酥成品

3）操作要求

①油酥和水油皮软硬度一致。

②起叠酥动作连贯迅速。

③炸制时，油温 125 ℃下锅，油温 150 ℃出锅。

通用项配分 （100分）	项目	考核标准	配分	备注
	调面过程（30分）	油酥、水油皮操作流程规范，调面技法正确，原料配比精准		
	包酥过程（50分）	两团面比例控制在4:6或5:5，包酥匀称合理		
	起酥过程（10分）	擀面杖轻重控制有节，动作迅速		
	两种酥点制作过程 （10分）	下刀准确，大小一致，尺寸合理，酥层清晰，形似荷花和百合		
合计				
成功点		注意点		

评分人＿＿＿＿＿＿＿＿

佳作欣赏

如图 4.77 所示。

图 4.77　精品荷花酥

拓展训练

1. 调制油酥和水油皮。

2. 熟练起叠酥。

讨论：1. 如何快速起酥？

　　　2. 荷花酥的馅心以多少为佳？如何使荷花酥层次更加清晰？

🧁 任务评价

荷花酥、百合酥训练评价表（A，B，C）			
评价方向／评价人	自我评价	小组评价	教师评价
数量			
大小			
色泽			
口感			

🧁 学习与巩固

1. 水果馅有_____、_____、苹果馅、芒果馅等。

2. 炸制荷花酥时下锅温度为_____，出锅最佳温度为_____。

3. 流沙馅主要原料有：蒸熟的咸鸭蛋黄、_____、_____、_____。

🧁 课后作业

家校信息反馈表			
学生姓名		联系电话	
面点名称	1. 荷花酥 2. 百合酥	完成情况	
面点制作原料及过程（学生填）			
检查或品尝后的建议	家长（夜自修教师）签名： 日期：		

任务 6　圆酥的制作——眉毛酥、酥合、苹果酥的制作

主题知识

水油面皮酥根据起酥方法不同分为明酥、半明半暗酥、暗酥。明酥根据起酥方法不同分为圆酥和直酥。半明半暗酥如麻花酥、荷花酥、百合酥、海棠酥等。圆酥如酥合、鸳鸯酥合、苹果酥、南瓜酥、眉毛酥等。暗酥如双麻酥饼、萝卜丝酥饼等，也可以将象形点心造型用在暗酥作品上，如小鸟、鱼、兔子等造型。

眉毛酥的制作

面点工作室

4.6.1　圆酥的定义和特点

1）圆酥的定义

圆酥就是将卷成圆筒状的酥皮用刀直切成长度合适的段，将刀切面朝上，用手掌自上而下按扁，用擀面杖擀成所需圆皮再进行包捏，使圆形酥层朝外，如酥合、眉毛酥等。

2）圆酥的特点

酥层清晰，呈螺旋形一致向里或向外（酥合或者草帽酥），制作方便快捷，一次起酥，可以制作多只制品。包制不当时易脱酥，酥皮与馅心分离。

4.6.2　油酥的炸制方法

一般采用温油（60~70 ℃）下锅，静养至酥层模糊，待油温升至120 ℃，翻小泡制品出层次，油温再升高至翻大泡，制品层次清晰，油温至150 ℃，随时观察制品表皮的颜色，上色至需要的色泽即可出锅。也可以在制品接近成熟时捞出放进烤箱烤制，烤箱上火160 ℃，下火150 ℃，放中层。

4.6.3　学学练练

1）训练原料

低筋面粉500克，猪油200克，30 ℃清水100克，豆沙馅200克，鸡蛋1只。

2）训练内容

按照配方调制油酥以及水油皮，自行起叠酥。

眉毛酥的制作：

眉毛酥是上海著名的特色酥点，眉毛酥形似秀眉，层次分明，酥松香甜，边口处捏出绳状花纹，形如眉毛。眉毛酥经油炸或烘烤而成。眉毛酥是圆酥的代表品种之一，也是面点制作的基本品种之一。

①主要原料和主要工具，如图 4.78 和图 4.79 所示。

②包酥，顺长边擀成长方形，按此方法叠 4 次，再次擀成长方形薄片，厚 0.3 厘米，如图 4.80 所示。斜切一刀，刷蛋黄液，卷成直径约 5 厘米的圆筒，如图 4.81 所示。

③将圆筒切成厚约 0.5 厘米的圆片，如图 4.82 所示。刷上蛋黄液，贴上一层水油皮，如图 4.83 所示。

图 4.78　主要原料

图 4.79　主要工具

图 4.80　擀酥

图 4.81　卷圆酥

图 4.82　切圆酥生坯

图 4.83　刷蛋黄液

④擀酥，成眉毛酥坯皮，如图 4.84 所示。上豆沙馅，整形成眉毛酥形状，锁上花边，在花边处刷蛋黄液，即成眉毛酥生坯，如图 4.85 所示。

图 4.84　眉毛酥坯皮

图 4.85　眉毛酥生坯

⑤油锅上火，倒入色拉油，油温升至 100 ℃，将眉毛酥生坯下锅，用中小火静养出酥层，如图 4.86 所示。油温升至 150 ℃，待眉毛酥炸至淡黄色，出锅装盘，如图 4.87 所示。

图 4.86　炸制

图 4.87　眉毛酥成品

酥合的制作：

酥合是苏式传统酥点，寓意吉祥，常作为婚宴宴席点心。在酥合的基础上还有鸳鸯酥合，因制作复杂过程，目前酒店已极少采用。

①起叠酥、卷酥同眉毛酥。用片刀把水油皮切成厚约 0.5 厘米的圆片，如图 4.88 所示。用擀面杖擀开，如图 4.89 所示。

②刷蛋黄液，贴上糯米纸，如图 4.90 所示。上豆沙馅，如图 4.91 所示。

③把两片水油皮合拢，如图 4.92 所示。捏出锁绳状花边，即成酥合生坯，如图 4.93 所示。

图 4.88　切圆酥

图 4.89　擀酥合

图 4.90　贴糯米纸

图 4.91　上豆沙馅

图 4.92　两片合拢

图 4.93　锁花边

④把酥合生坯放入 100 ℃油锅中静养至出酥层，如图 4.94 所示。待油温升至 150 ℃，酥合炸至两面金黄出锅装盘，如图 4.95 所示。

图 4.94　静养至出酥层

图 4.95　酥合成品

苹果酥的制作：

①起叠酥，卷酥同眉毛酥。用片刀切把水油皮切成厚约 0.5 厘米的圆片，用擀面杖擀开，贴糯米纸，如图 4.96 所示。上豆沙馅，如图 4.97 所示。

②用水油皮制作叶柄，组装在苹果上，如图 4.98 所示。接口刷蛋黄液，即成苹果酥生坯，如图 4.99 所示。

③把苹果酥生坯放入油温为 100 ℃油锅中静养至出酥层，如图 4.100 所示。待油温升至

150 ℃，草果酥炸至金黄色出锅装盘，如图 4.101 所示。

图 4.96　贴糯米纸

图 4.97　上豆沙馅

图 4.98　苹果酥叶柄组装

图 4.99　苹果酥生坯

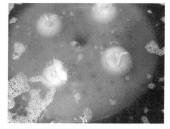
图 4.100　静养至出酥层

图 4.101　苹果酥成品

3）操作要求

①调面时，加水量、加油量要根据天气变化酌情增减。

②水油面要揉匀、揉透至上劲。

③擀酥时，要掌握叠酥次数和擀制力度，以免影响制品的酥层效果。

<table>
<tr><td colspan="5" align="center">操 作 评 分 表　　　　日期：＿＿＿年＿＿月＿＿日</td></tr>
<tr><td></td><td>项目</td><td>考核标准</td><td>配分</td><td>备注</td></tr>
<tr><td rowspan="4">通用项配分
（100 分）</td><td>调面过程（30 分）</td><td>油酥、水油皮操作流程规范，调面技法正确，原料配比精准</td><td></td><td></td></tr>
<tr><td>包酥过程（50 分）</td><td>两团面比例控制在 4：6 或 5：5，包酥匀称合理</td><td></td><td></td></tr>
<tr><td>起酥过程（10 分）</td><td>认真学习，擀面杖轻重控制有节</td><td></td><td></td></tr>
<tr><td>两种圆酥的制作过程（10 分）</td><td>色泽鹅黄，口感酥香，形似眉毛、酥合，层次分明</td><td></td><td></td></tr>
<tr><td>合计</td><td></td><td></td><td></td><td></td></tr>
<tr><td>成功点</td><td colspan="2"></td><td colspan="2">注意点</td></tr>
<tr><td colspan="5" align="right">评分人 ＿＿＿＿＿＿＿＿</td></tr>
</table>

🧁 佳作欣赏

如图 4.102 所示。

图 4.102　苹果酥

🧁 知识链接

苹果酥是 20 世纪 90 年代流行的酥点，因酥层清晰，形似苹果，常常作为宴席、美食节、各类比赛的点心。经过不断改进，现在的苹果酥可以直酥包馅，叶子采用直酥，叶柄采用小卷酥，制品具有较高的观赏性，体现了精巧的设计创意。

🧁 拓展训练

1. 调制油酥和水油皮。

2. 试试起圆酥。

讨论：1. 如何使圆酥接口更细腻？卷好的圆酥需要贴水油面吗？

2. 如何使圆酥酥层更清晰？眉毛酥里层贴糯米纸或水油皮与不贴成品效果有何不同？

🧁 任务评价

眉毛酥、酥合、苹果酥训练评价表（A，B，C）			
评价方向 / 评价人	自我评价	小组评价	教师评价
数量			
大小			
色泽			
口感			

🧁 学习与巩固

1. 圆酥是将开好的酥皮卷成圆筒状，可以制作酥合、_____、_____等。

2. 眉毛酥下锅静养温度为_____℃，出锅温度为_____℃。

3. 为了防止馅心吸油，酥皮包馅一面加贴水油面皮或者_____。

课后作业

家校信息反馈表			
学生姓名		联系电话	
面点名称	1. 眉毛酥 2. 酥合 3. 苹果酥	完成情况	
面点制作原料 及过程 （学生填）			
检查或品尝后 的建议		家长（夜自修教师）签名： 日期：	

任务 7　圆酥的制作——草帽酥的制作

主题知识

　　草帽酥是圆酥点，圆酥也是明酥的一种。传统的圆酥作品有酥合、鸳鸯酥合、吴山酥油饼，以及前文介绍的眉毛酥、苹果酥等。

草帽酥的制作

面点工作室

4.7.1　草帽酥知识

　　最初的草帽酥出现在全国烹饪大赛上，类似吴山酥油饼，中心部分高高凸起，边缘平缓，近似一顶草帽。草帽酥的造型经过不断改进，形成将四周纹路按压成纹路均匀的小份层次油酥。尤为难得的是，圆酥卷好以后，层次几乎都是向中心部分偏离，而酥层则向外侧舒展，颇具观赏性。同时，点缀心思巧妙，采用山楂细条捆绑，山楂条的色彩衬托出油酥的洁白，十分美观。

4.7.2　学学练练

1）训练原料

　　低筋面粉500克，猪油200克，30℃的清水100克，豆沙馅200克，鸡蛋1只，糯米纸、山楂条等适量。

2）训练内容

按照配方调制干油酥和水油面，自行起叠酥。

草帽酥的制作：

①主要原料和主要工具，如图 4.103 和图 4.104 所示。

②包酥，顺长擀成长方形，叠 4 折，再次擀成厚约 0.3 厘米的长方形薄片，如图 4.105 所示。斜切一刀，刷蛋黄液，卷成直径约 5 厘米的圆筒，如图 4.106 所示。

图 4.103　主要原料

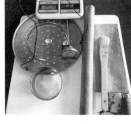

图 4.104　主要工具

图 4.105　擀酥

图 4.106　卷圆酥

③将圆筒切成 0.5 厘米厚的圆片，如图 4.107 所示。刷上蛋黄液，贴上一层水油皮，如图 4.108 所示。

④擀酥，把水油皮擀成草帽酥坯皮，如图 4.109 所示。上豆沙馅，贴上水油皮，如图 4.110 所示。

图 4.107　切圆酥生坯

图 4.108　刷蛋黄液

图 4.109　草帽酥坯皮

图 4.110　上馅

⑤上馅后，用手将顶端部分旋成草帽形状，并在边缘按压出 12 道均匀纹路，草帽酥生坯如图 4.111 所示。锅内倒入色拉油，油温升至 100 ℃，将草帽酥生坯下锅，用中小火静养至出酥层，油温升至 150 ℃，待草帽酥炸至淡黄色，出锅装盘，如图 4.112 所示。

图 4.111　草帽酥生坯

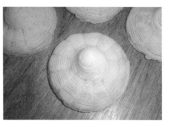

图 4.112　草帽酥成品

3）操作要求

①根据天气变化酌情增减猪油用量。

②酥心要擦匀擦透。

③每叠一次酥，擀酥时注意用力均匀，水油皮厚薄均匀。

	项目	考核标准	配分	备注
通用项配分（100分）	调面过程（30分）	油酥、水油皮操作流程规范，调面技法正确，原料配比精准		
	包酥过程（50分）	两团面比例控制在 4:6 或 5:5，包酥匀称合理		
	起酥过程（10分）	认真学习，擀面杖轻重控制有节		
	成品特点（10分）	色泽鹅黄，口感酥香，形似草帽，层次分明		
合计				
成功点		注意点		
			评分人 _____	

操 作 评 分 表　　日期：_____年__月__日

🧁 佳作欣赏

如图 4.113 和图 4.114 所示。

图 4.113　草帽酥

图 4.114　贝壳酥

🧁 知识链接

圆酥发展至今，经过不断改进，形成现在的将边缘纹路按压成纹路均匀的小份层次的油酥。尤为难得的是，圆酥卷好后，层次几乎都是向中心部分偏离，而草帽酥层则向外侧舒展，颇具观赏性。同时，采用山楂细条做点缀，体现作品的精巧。

🧁 拓展训练

1. 调制油酥和水油面。

2. 试试起圆酥。

🧁 任务评价

草帽酥训练评价表（A，B，C）			
评价方向 / 评价人	自我评价	小组评价	教师评价
数量			
大小			
色泽			
口感			

🧁 学习与巩固

1. 圆酥是卷成圆筒状的开好的酥皮，可以制作酥合、_____ 、_____等。

2. 眉毛酥下锅静养温度为_____℃，出锅温度为_____℃。

3. 为了防止馅心吸油，酥皮包馅一面加贴水油皮或_____。

🧁 课后作业

家校信息反馈表			
学生姓名		联系电话	
面点名称	草帽酥	完成情况	
面点制作原料及过程（学生填）			
检查或品尝后的建议	家长（夜自修教师）签名： 日期：		

任务 8　直酥的制作——花瓶酥、糖果酥的制作

主题知识

直酥作品很多，如藕酥、花瓶酥、糖果酥、萝卜酥、青椒酥、灯笼酥、小鸟酥、天鹅酥、海豚酥等，各种规则造型都可以用直酥形式表现出来。本书在项目 7 中设计了一些创新酥点，基本上由直酥、圆酥、小卷酥 3 种形式搭配而成。

花瓶酥的制作

面点工作室

4.8.1　明酥的好坏鉴别

明酥作品的好坏主要看酥层是否清晰、含油量高低、成形是否新颖、接口是否巧妙等方面。要制作出比较好的明酥作品，需要做到以下 4 点：

①掌握好油酥和水油皮的比例。一般来说，油酥与水油皮以 4∶6 为好，不要超过 5∶5。

②掌握两种面团的软硬度。面团硬了起酥时面团就干了，影响作品成形；面团软了起叠酥过程容易变形，造成酥层不均匀。

③叠酥时，要注意手法正确。做到技术纯熟，要点是两个字："轻""匀"。无论是大包酥还是小包酥，都不能将酥层弄破或是弄乱。

④无论是炸制还是烤制都要注意控制火力，宜用中小火加热。

4.8.2　学学练练

1）训练原料

①油酥的配方：低筋粉 250 克，冬季采用正义牌猪油或者自制猪油（稍软）130 克，夏季采用车轮牌猪油 135 克（需冷藏），春秋季采用两者混合 140 克。

②水油皮的配方：中筋粉 280 克，冬季猪油 40 克，30 ℃温水 160～170 克；夏季猪油 35 克，盐 1.5 克，冷水 140 克。

③馅心准备：豆沙馅、莲蓉馅或者自制芸豆馅。

2）训练内容

按照配方调制油酥以及水油皮，自行起叠酥；制作花瓶酥、糖果酥。

花瓶酥的制作：

①原料和工具。工具有刮板、擀面杖、毛巾、大小毛刷、漏勺、长方形模具 1 只、片刀 1 把。主要原料和主要工具如图 4.115 所示和图 4.116 所示。

②包酥、擀制、叠制，运用任务 2 中的起酥方法。4 折 4 叠以后，叠成如图 4.117 所示的形状。对半切开，刷蛋黄液、叠高。将多余水油皮擀开，刷蛋黄液，将叠好的酥面用刀切 0.8 厘米厚的片，在切好的原料上刷蛋黄液，并拼接在水油皮上，如图 4.118 所示。

③使用擀面杖敲酥，使之偏向一侧，用擀面杖将坯皮擀薄，如图4.119所示。用长方形模具按出花瓶酥所需大小的坯皮，长11厘米、宽4.5厘米，如图4.120所示。

图4.115 主要原料

图4.116 主要工具

图4.117 起叠酥

图4.118 排酥

图4.119 擀酥皮

图4.120 按酥皮

④上馅成形。在坯皮刷上薄薄的蛋黄液，包入馅心，如图4.121所示。收拢接口，瓶底刷上蛋黄液，粘上芝麻或面粉，上面收拢成花瓶形，腰部缠上剪好的细苔菜，即成花瓶酥生坯，如图4.122所示。

⑤炸制。锅内倒油，油温升至100~110℃，转成小火，将花瓶酥生坯放在漏勺上，放进油锅养至酥层模糊，油温升至150℃出酥层，待花瓶酥炸成淡黄色捞起，沥净油装盘即可，如图4.123和图4.124所示。

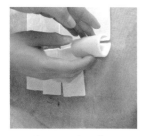

图4.121 上馅成形

图4.122 绑苔菜

图4.123 花瓶酥1

图4.124 花瓶酥2

糖果酥的制作：

糖果酥因为形似糖果而得名，稍做变化后就成了糖果酥。糖果酥造型简单美观，酥层表面积相对较大。制作时在配方、起酥、包捏力度、收口的小技巧上都有严格的要求。

起叠酥同花瓶酥。取坯皮上馅，如图4.125所示。在坯皮刷上薄薄的蛋黄液，包入馅心，两头收拢，酥层齐整，即成糖果酥生坯，如图4.126所示。

图 4.125 上馅

图 4.126 包制成形

在糖果酥生坯两头缠上细苔菜，用蛋黄液粘连，如图 4.127 所示。锅内倒油，油温升至 100～110 ℃，换成小火，将糖果酥生坯放在漏勺上，上锅养至酥层模糊，油温升至 150 ℃出酥层，待糖果酥炸成淡黄色捞起，沥净油装盘即可，如图 4.128 所示。

图 4.127 绑苔菜

图 4.128 糖果酥成品

3）操作要求

①刷蛋黄液时，注意不要刷在酥层处。

②起酥时，要排出空气，可以采用牙签戳破排出空气。

③刷蛋黄液时，尽量少而均匀，在酥层连接处刷蛋清，底部可以刷蛋黄液。

④炸制时，注意掌控油温，不宜升温过快。

操 作 评 分 表			日期：_____年__月__日	
	项目	考核标准	配分	备注
通用项配分（100分）	调面过程（30分）	油酥、水油皮操作流程规范，调面技法正确，原料配比精准		
	包酥过程（50分）	两团面比例控制在 4：6 或 5：5，包酥匀称合理		
	起酥过程（10分）	认真学习，擀面杖轻重控制有序		
	成品特点（10分）	色泽鹅黄，口感酥香，形似花瓶、糖果，层次分明		
合计				
成功点		注意点		
			评分人_____	

🧁 佳作欣赏

如图 4.129~图 4.131 所示。

图 4.129 花瓶酥

图 4.130 花篮酥 1

图 4.131 花篮酥 2

🧁 知识链接

　　油酥制品是近些年国内各级烹饪大赛中式面点项目中常见的作品。要想取得好的比赛成绩，就得在油酥制品上下功夫。一个好的作品最好是原创的，作品造型别致，酥层清晰，大小一致，色泽均匀，以浅黄色为佳。要达到这些效果，需要制作者有不断创新的能力和娴熟的技能以及对油温的驾驭能力。影响油酥制品制作的因素有很多，各个环节稍有不慎，皆可造成制品失败。

🧁 拓展训练

　　1. 试试直酥的起酥。

　　2. 试试制作花瓶酥和糖果酥。

　　讨论：1. 如果是夏季，如何控制油酥和水油皮的软硬度？

　　　　　2. 如果是夏季，如何使酥层更清晰？

🧁 任务评价

花瓶酥、糖果酥训练评价表（A，B，C）			
评价方向 / 评价人	自我评价	小组评价	教师评价
数量			
大小			
色泽			
口感			

🧁 学习与巩固

　　1. 直酥作品有花瓶酥、_____和_____等。初炸温度为_____℃。出锅温度大致为_____℃。

　　2. 掌握两种面团的软硬度。不能过于硬，硬了起酥时_____，影响作品成形；也不能过于软，软了起叠酥过程_____，造成 _____。

3.直酥作品的特点为_____、_____、_____和_____。

🧁 课后作业

家校信息反馈表			
学生姓名		联系电话	
面点名称	1. 直酥的起叠酥 2. 花瓶酥 3. 糖果酥	完成情况	
面点制作原料 及过程 （学生填）			
检查或品尝后 的建议	家长（夜自修教师）签名： 日期：		

项目5
其他面团实战技艺

项目介绍

其他面团是指除了面粉以外的粉团，主要包括米粉面团、澄粉面团、其他杂粮面团等。米粉面团是各种米及其他辅料调成的面团。澄粉面团主要用来制作苏式船点以及广式虾饺等，为了增进口感和透明度，适当添加了糯米粉和淀粉。其他杂粮面团如南瓜饼、紫薯饼，都是运用杂粮和米粉按照一定比例调制而成。

图 5.1　麻球

学习目标

◇ 了解米粉的种类。

◇ 掌握烫面技巧。

◇ 熟悉麻球、汤圆的制作方法。

◇ 了解糕、团的制作技艺和操作要领。

◇ 掌握 6～8 种船点的制作方法。

任务 1　汤圆、麻球的制作

主题知识

宁波汤圆（又叫宁波猪油汤圆）始于宋元时期，距今已有 700 多年的历史。宁波汤圆它用当地盛产的一级糯米磨成粉做皮。猪板油剔净筋、膜，切碎，放盆中加白糖、芝麻粉拌匀揉透，搓成猪油芝麻小圆子做馅心。水磨粉加水拌和揉搓成光洁的粉团，捏成酒盅形，放入馅心，收口搓圆成汤团。锅内加清水烧沸，放入汤团煮 3 分钟，待汤团浮起加入少量凉水，用勺推动汤圆以防粘锅。再稍煮片刻，待馅心成熟，汤团表皮呈有光泽的玉色，即可连汤舀入碗中，加适量白糖，撒上桂花即成。

宁波汤圆
的制作

面点工作室

5.1.1　米粉的种类

米粉的性质不同，制品的特征也不同，有的黏实，有的松散。根据制品的特征，米粉可以分为松质糕粉、黏质糕粉。根据制品的需要，有的米粉要发酵后使用，有的米粉需要烫面，还有的米粉需要煮芡等。

黏质粉制成成品后，黏性强且有韧性，黏质粉一般不需要发酵，有时需要和其他米粉混合使用，以改进其他原料的性能，便于包制、成形等，扩大粉料的用途，提高制品的质量，使花色品种多样化。也可以与多种原料合用，使各种营养素互补，提高制品营养成分，糯米、大黄米是制黏质粉的主要原料。

5.1.2　米粉的制作方法

米粉的磨法有 3 种：干磨、水磨、湿磨。

1）干磨

将各种米（不加水）直接磨成粉称为干磨。干磨的特点是：含水量少，保管方便，不易变质；其缺点是：粉质粗，滑性差。

2）水磨

将米和水一起进行磨制，称为水磨粉，一般磨糯米时要掺入少量粳米。水磨粉的特点是：粉质细腻，成品不仅软糯，而且口感润滑；其缺点是：含水量大，高温天气不易保存。现在采用先进的工艺，把水磨粉过滤，机械烘干使制品容易保存，如市场出售的糯米粉就是此类米粉。

3）湿磨

将米用水浸泡 1～3 小时后捞出，淘洗干净，晾至半干磨成粉，称为湿磨粉，这种方法适合家庭制作黏豆包、炸糕、黏糕等。

5.1.3　学学练练

1）训练原料

水磨糯米粉500克，清水250克，芝麻猪油馅250克，猪油100克，绵白糖200克，糖桂花等少许，白芝麻250克。主要原料如图5.2所示。

2）训练内容

汤圆的制作：

①将芝麻猪油馅切条下剂，每只剂子重约10克，搓成圆形馅，待用，如图5.3所示。

②在250克糯米粉中加入125克清水，调成粉团，饧15分钟，如图5.4所示。将饧好的糯米团搓成长条、下剂子，每只剂子重约20克，剂子按压成皮，包入备好的芝麻猪油馅，搓圆，待用，如图5.5所示。

③下水锅煮制。锅内加适量水烧开，下入汤圆，烧开，点水，重复点水3~4次，待汤圆浮起，即可出锅，如图5.6所示。将煮好的汤圆盛入汤碗，点缀上糖桂花即可，如图5.7所示。

图5.2　主要原料

图5.3　芝麻猪油馅

图5.4　糯米粉团

图5.5　汤圆生坯

图5.6　煮汤圆

图5.7　汤圆成品

麻球的制作：

①将75克绵白糖、50克猪油熔化，与250克糯米粉、50克左右温热水调制成团。饧面15分钟，如图5.8所示。将饧好的面团擦匀、搓条、下剂，每只剂子重约20克，每只豆沙馅重约10克，如图5.9所示。

麻球的制作

图5.8　麻球粉团

图5.9　麻球剂子和豆沙馅

②包入馅心，使馅心居中，捏紧接口处并搓成汤圆状，如图5.10所示。汤圆外面洒上清水，均匀地裹上一层白芝麻，并搓圆、按实，即成麻球生坯，如图5.11所示。

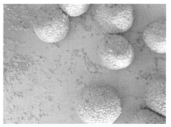

图 5.10　上馅　　　　　　　　　图 5.11　裹芝麻

③锅内倒入半锅色拉油，待油温升至两成热，下麻球生坯，小火静养。待麻球浮起后，迅速升高油温至五成热，用手勺不断转动麻球，使其受热均匀，如图5.12所示。麻球炸成金黄色且比较饱满时，捞出控油，装盘，如图5.13所示。

图 5.12　炸麻球　　　　　　　　图 5.13　麻球成品

3）操作要求

①选用家养猪的猪板油，家养猪的板油膘厚、结实，以此做馅心，口感醇香。芝麻炒香，碾成碎末。

②糯米粉使用水磨糯米粉，水磨糯米粉具有滑、爽、细的特点。

③炸麻球时，控制好油温。

操 作 评 分 表　　　　　　日期：_____年__月__日

	项目	考核标准	配分	备注
通用项配分（100分）	成团过程（30分）	操作流程规范，调面技法正确，原料使用合理		
	作品观感（50分）	汤圆汤清色艳，皮薄馅多，具有桂花的香气，香甜鲜滑糯，麻球大小一致，色泽金黄，芝麻均匀		
	上课纪律（10分）	服从指挥，认真学习，相互协作学习		
	安全卫生（10分）	制作过程整洁卫生，个人着装、卫生符合要求		
合计				
成功点		注意点		
			评分人 _____	

佳作欣赏

如图 5.14 所示。

图 5.14　极品大麻球

知识链接

极品大麻球的配方和制作方法

群乐牌（或者三象牌）糯米粉 500 克，泡打粉 20 克，小苏打 5 克，绵白糖 200 克，白芝麻 500 克。先将 2/3 的糯米粉用冷水调成团并上笼蒸熟，然后放入热水锅中煮制片刻，捞出，用打蛋器搅打均匀，再放入剩余 1/3 的糯米粉并搅打均匀。其余制作方法与前文麻球的制作方法相同，炸制过程中不断用手勺按压麻球，使之中空、变大。

拓展训练

试试调制汤圆粉团和麻球粉团，比较两者的不同。

讨论：1. 调制麻球粉团，为什么采用温水？

　　　2. 冷水下锅煮制汤圆，会发生什么情况？

　　　3. 炸制麻球可以采用高油温下锅吗？

任务评价

汤圆、麻球训练评价表（A，B，C）			
评价方向 / 评价人	自我评价	小组评价	教师评价
数量			
大小			
色泽			
口感			

🧁 学习与巩固

1. 其他面团的原料有：_____、_____、_____等。
2. 米粉的磨法有 3 种，分别是：_____、_____、_____。
3. 汤圆的特点是：_____，_____。麻球的特点是：_____，_____。

🧁 课后作业

<table>
<tr><td colspan="4" align="center">家校信息反馈表</td></tr>
<tr><td align="center">学生姓名</td><td></td><td align="center">联系电话</td><td></td></tr>
<tr><td align="center">面点名称</td><td>1. 汤圆
2. 麻球</td><td align="center">完成情况</td><td></td></tr>
<tr><td align="center">面点制作原料
及过程
（学生填）</td><td colspan="3"></td></tr>
<tr><td align="center">检查或品尝后
的建议</td><td colspan="3">家长（夜自修教师）签名：
日期：</td></tr>
</table>

👨‍🍳 任务 2　南瓜饼的制作

🧁 主题知识

南瓜中含有淀粉、蛋白质、胡萝卜素、维生素 B、维生素 C、钙、磷等成分，营养丰富。南瓜不仅有较高的食用价值，而且有着不可忽视的药用价值。《滇南本草》记载：南瓜性温，味甘无毒，入脾、胃二经，能润肺益气，化痰排脓，驱虫解毒，治咳止喘，疗肺痈与便秘，并有利尿、美容等作用。南瓜包、南瓜饼等均是以南瓜为主要原料制作而成的点心，因其营养丰富、口感香甜受到广大群众的欢迎。

南瓜饼的制作

5.2.1 象形面点造型

传统的中式面点只以味美为核心,其"形"向来放在次要的地位。比如南瓜饼,只是做成最简单的饼状。随着时代的发展,人们的审美意识日益提高,对美的追求与日俱增。好吃、好看、有营养是人们所追求。比如,将南瓜饼做成爱心、星星、数字、卡通动物等造型。

象形面点的造型按造型方式分类,可分为仿几何型、仿植物型、仿动物型,南瓜饼可以做成上面 3 类仿造形状。按成形手段,它属于手工成形。

5.2.2 米粉制品造型要求

米粉面团作品形状要求主要表现在以下 3 个方面。

第一是规格一致。不管哪一种面点产品,同一种面点在同一盘中,一要捏制成一样的大小,都要达到规格一致,这样装盘才好看,才能产生"一致美"和"协调美"。这也是宴席面点产品最基本的要求。

第二是制作适度。以宴席面点为例,在分量上,应以每位客人平均消费 50 克左右的净料为原则。高档宴席面点分量为 50 克为宜,一般上两道点心,每种点心分量约 25 克,这样分量的点心小巧精致。也就是常用以一口一只,或两口一只为宜的俗语来表示。

同时,面点产品要力求简洁、明快,向抽象化方向发展。一方面,制作面点的首要目的是食用,而不是观赏;另一方面,过分讲究逼真,费时费工,食品易受污染,不符合宴会实际供应的需要。

第三是精致美观。宴席面点的制作要求外形美观,造型自然,整体效果好。其中,特别烦琐的装饰,刻意写实的做法,适合美食展示和技能竞赛。

5.2.3 学学练练

1)训练原料

水磨糯米粉 500 克,蒸熟的南瓜 200 克,豆沙馅 250 克,薄饼干 1 000 克,绵白糖 125 克,面包糠 500 克,鸡蛋 1 只,主要原料如图 5.15 所示。

2)训练内容

南瓜饼的制作:

①将 500 克糯米粉加入 125 克绵白糖,加入蒸熟的南瓜,调成南瓜粉团,饧 15 分钟,如图 5.16 所示。

②将饧好的粉团揉匀、搓条、下剂,每只剂子重约 20 克,如图 5.17 所示。把剂子搓圆,按扁,两面都刷上蛋黄液,粘上薄饼干,即成南瓜饼生坯,如图 5.18 所示。

③将做好的两种南瓜饼生坯下四成热油锅中炸至成熟,如图 5.19 所示。待南瓜饼熟透,两面呈金黄,出锅控油装盘,如图 5.20 所示。

图 5.15　原料

图 5.16　南瓜粉团

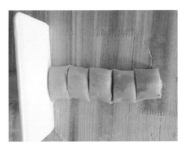

图 5.17　南瓜饼剂子

图 5.18　粘饼干

图 5.19　上锅炸制

图 5.20　南瓜饼成品

3）操作要求

①选用水分少、色泽金黄的老南瓜。

②调面时，要揉匀揉透。

③糯米粉选水磨糯米粉，水磨糯米粉具有滑、爽、细的特点。

		操 作 评 分 表　　　日期：_____年__月__日		
	项目	考核标准	配分	备注
通用项配分 （100分）	成团过程（30分）	操作流程规范，调面技法正确，原料使用合理		
	作品观感（50分）	色泽金黄，大小一致，外酥脆，里香甜		
	上课纪律（10分）	服从指挥，认真学习，相互协作学习		
	安全卫生（10分）	制作过程整洁卫生，个人着装、卫生符合要求		
合计				
成功点		注意点		
			评分人 _____	

🧁 佳作欣赏

如图 5.21 所示。

图 5.21　紫薯茄子

🧁 知识链接

紫薯茄子的制作

　　大米粉 200 克，糯米粉 75 克，蒸熟的紫薯 150 克，绵白糖 40 克，自制黄豆馅 200 克，色拉油少许。将熟紫薯去皮蒸熟，加入大米粉、糯米粉、绵白糖烫熟。将揉搓光滑的紫薯面团搓条、下剂。每只剂子重约 20 克，包入黄豆馅，搓成茄子的形状。先在面团中加入豆沙馅，使粉团颜色变深，再搓成 3 根细细的长条，做成茄子的叶柄。将做好的紫薯茄子放入蒸笼，待水烧开后，上笼大火蒸制 6~8 分钟，出锅装盘。

🧁 拓展训练

　　试试调制南瓜粉团，与汤圆粉团比较两者的不同。

　　讨论：1. 调制南瓜粉团，为什么采用老南瓜？

　　　　　2. 如果薄饼干是甜味的，会发生什么情况？

　　　　　3. 试试制作其他造型的南瓜饼。

🧁 任务评价

南瓜饼训练评价表（A，B，C）			
评价方向 / 评价人	自我评价	小组评价	教师评价
数量			
大小			
色泽			
口感			

🧁 学习与巩固

　　1. 将_____和_____一起进行磨制，称为水磨粉。一般磨糯米时要掺入少量_____。

　　2. 米粉面团作品形状要求主要表现在_____、_____、_____ 3 个方面。

3. 象形面点的造型按造型方式分＿＿＿＿、＿＿＿＿、＿＿＿＿ 3 类。

🧁 课后作业

<table>
<tr><th colspan="4" style="text-align:center">家校信息反馈表</th></tr>
<tr><td style="text-align:center">学生姓名</td><td></td><td style="text-align:center">联系电话</td><td></td></tr>
<tr><td style="text-align:center">面点名称</td><td style="text-align:center">南瓜饼</td><td style="text-align:center">完成情况</td><td></td></tr>
<tr><td style="text-align:center">面点制作原料
及过程
（学生填）</td><td colspan="3"></td></tr>
<tr><td style="text-align:center">检查或品尝后
的建议</td><td colspan="3">家长（夜自修教师）签名：
日期：</td></tr>
</table>

🍳 任务 3　植物类船点的制作

🧁 主题知识

　　苏州船点属苏州船菜中的点心部分，苏州船菜有着悠久的历史，这与苏州被称为水城有关。苏州享有"东方威尼斯"的美誉，历史上交通工具主要是船楫，当时仅集中在山塘河中的船只有沙水船、灯船、快船、游船、杂耍船、逆水船等，而沙飞船、灯船、游船等均设有"厨房"。船点成为宴席中不可缺少的内容。以植物为主的船点有大蒜、青红椒、南瓜、各种水果等。船点是将烫制后的粉团，捏成各种造型，配上食用色素，然后放入蒸笼蒸熟，出笼时刷油。船点成品具有形态可爱，香甜爽滑，制作精美的特点。

植物类船点
的制作

🧁 面点工作室

5.3.1　船点的由来和定义

1）由来

据传是北宋时文人墨客、达官贵人在西湖游船上赋诗饮酒时食用的米粉类面点。

2）定义

将米粉面团染色后，包入各种馅心，精心捏制成各种花卉、飞禽、走兽、瓜果蔬菜等形状的精细面点。

5.3.2　粉团的制作

船点粉是经过细筛过筛的镶粉（比较细腻光滑），镶粉是糯米粉与粳米粉按1∶1的比例混合而成，用煮芡法制成粉团。船点粉宜随用随制，成品制成后要及时上笼蒸制成熟，时间长了易脱芡。

5.3.3　学学练练

1）训练原料

原料：澄面、糯米粉、各种食用色素、可可粉等。主要原料如图5.22所示。

工具：剪刀、擀面杖、镊子钳等。主要工具如图5.23所示。

图5.22　主要原料　　　　　　　　图5.23　主要工具

2）训练内容

河田红枣的制作：

①将澄面和糯米粉按照3∶1的比例混合均匀，烫成粉团，加红色、绿色色素、可可粉，调成3种颜色的红枣粉团，饧15分钟。准备好枣泥馅和色拉油等，主要原料如图5.24所示。工具有蒸笼、擀面杖、毛刷、保鲜膜、锡纸等，主要工具如图5.25所示。

②取15克左右红色粉团，放在保鲜膜中，用擀面杖擀开，如图5.26所示。包上枣泥馅，如图5.27所示。

③将馅心包拢，如图5.28所示。把锡纸揉皱，刷油备用，如图5.29所示。

图5.24　主要原料　　　　　　图5.25　主要工具　　　　　　图5.26　擀皮

图5.27 上馅

图5.28 拢上

图5.29 皱锡纸刷油

④将包好馅的圆形生坯搓成长圆形,放进刷了油的皱锡纸内,如图5.30所示。用锡纸卷包裹粉团,把红枣生坯两头稍压,揭开锡纸,即成红枣生坯,如图5.31所示。

⑤用工具戳出红枣柄的位置,如图5.32所示。红枣生坯上笼,如图5.33所示。

⑥将制作好的红枣生坯上笼蒸制8分钟出笼,如图5.34所示。装上红枣柄,刷油,装盘,如图5.35所示。

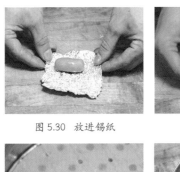
图5.30 放进锡纸

图5.31 红枣生坯

图5.32 戳小圆洞

图5.33 上笼

图5.34 蒸熟的红枣

图5.35 红枣成品

酒酿黑枣的制作:

①将澄面和糯米粉按照3:1的比例混合并烫成粉团,加黑枣蓉、朗姆酒、色拉油,以及少许面粉,调成黑枣粉团,黑枣泥做馅,主要原料如图5.36所示。工具有蒸笼、擀面杖、毛刷、保鲜膜、锡纸等,主要工具如图5.37所示。

②其余步骤的制作方法与河田红枣做法相同。上笼蒸制8分钟出笼,如图5.38所示。装上黑枣叶柄,刷油,装盘,如图5.39所示。

图5.36 主要原料

图5.37 主要工具

图5.38 蒸制成熟

图5.39 黑枣成品

猕猴桃的制作：

①澄面和糯米粉按照 3:1 的比例混合并烫成白粉团，加抹茶粉做成深、浅两种颜色的粉团，奶黄馅、樱花籽、椰丝、色拉油等，主要原料如图 5.40 所示。工具有蒸笼、擀面杖、毛刷、喷枪、小刀等，主要工具如图 5.41 所示。

②各取 40 克左右深绿色、浅绿色粉团，搓成相同长度的长条，在浅色长条中间用筷子压出一道凹痕，然后放一根深绿色细长条，如图 5.42 所示。将浅绿色粉团合成尖形，两边贴上深绿色细长条，如图 5.43 所示。

③将②中混合好的细长条，整合成侧面三角形的，上面正方形的长条，用小刀切成 2 厘米长的块状，如图 5.44 所示。将白色粉团擀成宽 1.5 厘米的长方条，用小刀切出 2 厘米长的长条，如图 5.45 所示。

图 5.40 主要原料

图 5.41 主要工具

图 5.42 夹放深细长条

图 5.43 两边贴上深绿细长条

图 5.44 切块状

图 5.45 切条

④将浅绿色（夹深绿色）小块整理成如图 5.46 所示的形状。两块之间夹一白面条，如图 5.47 所示。

⑤围成一圈，中间贴上白粉团，如图 5.48 所示。整理做成椭圆形的皮，如图 5.49 所示。

⑥在皮上放奶黄馅，如图 5.50 所示。包严收口，整合成猕猴桃的形状，如图 5.51 所示。

图 5.46 整理

图 5.47 贴面围圈

图 5.48 白面贴中间

图 5.49　整理成长圆形

图 5.50　上馅

图 5.51　收口成形

⑦用小刀切出猕猴桃片，如图 5.52 所示。在切口朝外的一面粘上樱花籽，即成猕猴桃生坯，如图 5.53 所示。

图 5.52　切片

图 5.53　粘贴樱花籽

⑧把猕猴桃生坯放进笼蒸制 15 分钟，如图 5.54 所示。在蒸熟出笼后的猕猴桃外面粘上椰丝，用喷枪喷上可可粉，注意着色均匀，装盘，如图 5.55 所示。

图 5.54　上笼蒸制

图 5.55　猕猴桃成品

3）操作要求

①烫面时，掌握好面团的软硬度。

②通过仔细观察实物，掌握植物类船点的形态特征。

操 作 评 分 表

日期：_____年__月__日

通用项配分（100分）	项目	考核标准	配分	备注
	成团过程（30分）	操作流程规范，调面技法正确，原料使用合理		
	作品观感（50分）	形态可爱，香甜爽滑，制作精美，形似大枣、猕猴桃等		
	上课纪律（10分）	服从指挥，认真学习，相互协作学习		
	安全卫生（10分）	制作过程整洁卫生，个人着装、卫生符合要求		
合计				
成功点		注意点		
			评分人 _____	

🧁 佳作欣赏

如图 5.56~图 5.62 所示。

图 5.56 象形马蹄

图 5.58 象形红毛丹

图 5.59 象形莲子

图 5.57 象形草莓

图 5.60 象形樱桃

图 5.61 象形芋艿

图 5.62 象形石榴

🧁 拓展训练

试试调制各种颜色的粉团，制作各种造型的船点。

讨论：1. 调制船点粉团，为什么要采用原有原料的原汁？

2. 采用色素调制粉团，会产生何种不同的效果？

🧁 任务评价

红枣、猕猴桃训练评价表（A，B，C）			
评价方向／评价人	自我评价	小组评价	教师评价
数量			
大小			
色泽			
口感			

🧁 学习与巩固

1. 船点的镶粉是指_____和_____按照_____比例进行调制。采用_____制成面团。
2. 苏州船点起源于_____，一般可以制作各种造型的点心，如_____、_____等。

🧁 课后作业

家校信息反馈表			
学生姓名		联系电话	
面点名称	各种植物象形粉团	完成情况	
面点制作原料及过程（学生填）			
检查或品尝后的建议	家长（夜自修教师）签名： 日期：		

🧑‍🍳 任务 4 动物类船点的制作

🧁 主题知识

明清时期，苏州商人往往在游船上设宴，请"在吴贸易者"洽谈生意，船菜由此越办越丰盛。吴门宴席，以冷盘佐酒菜为首，而后热炒菜肴，间以精美点心，最后上大菜，大菜往往以鱼为末，图"吃剩有余"的口彩。厨师深谙席间吃客心理，点心仅是点缀，小巧玲珑，既有观赏之美，又有美食之味。目前，各名菜馆均在传统船点上推陈出新，培养出许多制点高手，船点已成为宴席中不可少的内容。有的以虫鸟动物为主，如白鹅、白兔、金鱼等，制作时先将需要的各种粉揉成粉团，再捏制成形，配上食用色素，然后放入蒸笼蒸熟，出笼时刷油。

动物类船点
的制作

🧁 面点工作室

5.4.1　船点着色和捏制

1）着色

首色宜淡，一般用天然色素，如青菜绿、鸡蛋黄、红曲米、可可粉等。一般采用卧色法着色，即将粉团染成各种彩色粉团，根据制品需要配上彩色粉团做成成品。

2）捏制

由于船点的捏制是一项工艺要求很高的技艺，根据制品的形态不同，制作手法也不同，因此必须反复练习。

5.4.2　船点制作工具

剪刀、牙刷、食品梳、镊子、蒸笼等。

5.4.3　船点的特点和应用

1）特点

制作精巧，形态逼真，色彩鲜艳，既能品尝，又能欣赏。

2）应用

高级宴席，节日特需供应、点缀。

5.4.4　学学练练

1）训练原料和工具

原料：澄面、生粉、糯米粉等。
工具：同船点制作工具。

2）训练内容

明虾的制作：

①制作明虾的原料有：澄面、生粉、蟹黄馅、绵白糖、适量可可粉（或巧克力酱）、猪油等，主要原料如图5.63所示。主要工具如图5.64所示。

②烫面。将澄面与生粉按照4:1的比例混合，加适量绵白糖烫成白色粉团，如图5.65所示。趁热加入猪油揉搓均匀成团，如图5.66所示。

③取一小块白色粉团加适量可可粉（或巧克力酱）揉成咖啡色粉团，制作明虾的眼睛，如图5.67所示。制作明虾的大虾脚，取适量白色粉团搓成约10厘米长的细长条，捏成如图5.68所示的形状。

④取适量白色粉团制作明虾细虾脚，3根搓细长条并交叉成米字形，搭在架子上，如图5.69所示。明虾的眼睛、虾脚，放进烤箱烤至成熟。烤箱上下火120 ℃，烤5分钟，如图5.70所示。

⑤取20克白色粉团，搓成如图5.71所示的形状。放入蟹黄馅，如图5.72所示。

⑥把蟹黄馅包严实，整形成明虾形状，如图5.73所示。用卡片按压出明虾身上纹路，

如图 5.74 所示。

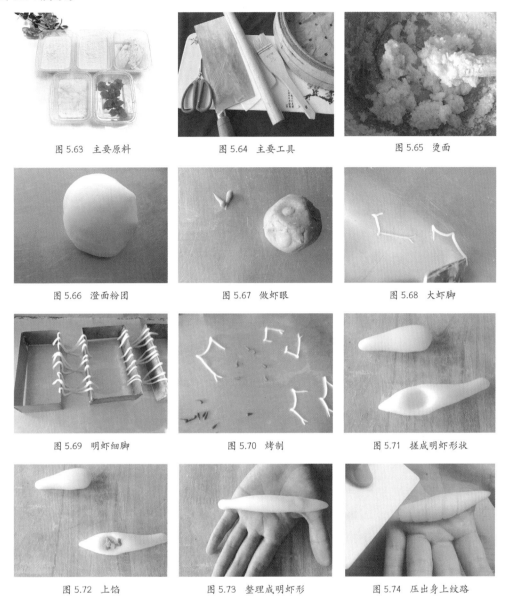

图 5.63　主要原料　　　　　图 5.64　主要工具　　　　　图 5.65　烫面

图 5.66　澄面粉团　　　　　图 5.67　做虾眼　　　　　图 5.68　大虾脚

图 5.69　明虾细脚　　　　　图 5.70　烤制　　　　　图 5.71　搓成明虾形状

图 5.72　上馅　　　　　图 5.73　整理成明虾形　　　　　图 5.74　压出身上纹路

⑦压出虾头和虾尾，去除多余的部分粉团，如图 5.75 和图 5.76 所示。

⑧整理虾尾，使得中间部分尖而向上竖立，如图 5.77 所示。整理、剪去虾头中间部分，使其一分为二，如图 5.78 所示。

⑨先将烤熟、烤脆的虾眼尖头插入虾头相应位置，然后将虾架在澄面上固定，上笼蒸制4分钟，如图5.79所示。取出，组装在已经烤熟烤脆的虾脚上，即成明虾成品，如图5.80所示。

图 5.75 整理出虾头

图 5.76 整理出虾尾

图 5.77 整理虾尾

图 5.78 剪虾头中间

图 5.79 蒸制

图 5.80 明虾成品

小金鱼的制作：

①原料。适量黄色、红色、白色粉团，主要原料如图 5.81 所示。主要工具如图 5.82 所示。

②取适量的黄色粉团切成大小合适剂子，用手压成圆片，包入豆沙馅并搓成一头粗、一头细的长圆锥形，如图 5.83 所示。捏出鱼嘴，如图 5.84 所示。

③用工具按压出鱼鳃，如图 5.85 所示。用小号 U 形刀戳出鱼鳞，如图 5.86 所示。

图 5.81 主要原料

图 5.82 主要工具

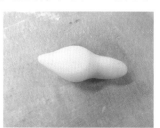

图 5.83 金鱼生坯

图 5.84 做鱼嘴

图 5.85 做鱼鳃

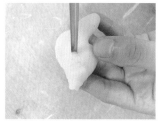

图 5.86 戳出鱼鳞

④运用推花边手法推出小金鱼的背鳍，如图 5.87 所示。用剪刀剪出鱼尾，如图 5.88 所示。

⑤用工具按压出鱼尾部分和鱼尾细纹，如图 5.89 和图 5.90 所示。

⑥用白色和红色粉团做鱼眼睛，即成小金鱼生坯，如图 5.91 所示。将制作好的小金鱼生坯上笼蒸制 8 分钟，待金鱼成熟后出笼装盘，如图 5.92 所示。

图 5.87　出鱼背鳍

图 5.88　出鱼尾

图 5.89　按出鱼尾

图 5.90　鱼尾纹路

图 5.91　装鱼眼

图 5.92　金鱼成品

3）操作要求

①烫面时，注意掌握粉团的软硬度。

②仔细观察实物，注意动物类船点的灵动感。

操 作 评 分 表

日期：_____年___月___日

	项目	考核标准	配分	备注
通用项配分（100分）	成团过程（30分）	操作流程规范，调面技法正确，原料使用合理		
	作品观感（50分）	形态可爱，香甜爽滑，制作精美，形似明虾、金鱼		
	上课纪律（10分）	服从指挥，认真学习，相互协作学习		
	安全卫生（10分）	制作过程整洁卫生，个人着装、卫生符合要求		
合计				
成功点		注意点		
			评分人 _____	

佳作欣赏

如图 5.93~图 5.98 所示。

图 5.93　长尾鸟

图 5.94　小鸟

图 5.95　红军书包

图 5.96　蜗牛

图 5.97　小鸡

图 5.98　吉祥鸟

拓展训练

试试调制澄面粉团，与项目 3 的粉团比较，两者有什么不同。

讨论：1. 调制澄面粉团，为什么要加入适量生粉？

2. 如果粉团不加猪油，会发生什么情况？

任务评价

明虾、金鱼训练评价表（A，B，C）			
评价方向 / 评价人	自我评价	小组评价	教师评价
数量			
大小			
色泽			
口感			

学习与巩固

1. 船点的特点有：_____，_____，_____等。

2. 制作船点的常用工具有：_____、_____、_____等。

3. 明虾的特点是：_____，_____。

課后作业

任务5 糕类的制作——马蹄糕的制作

主题知识

马蹄糕是广东、福建闽南地区的一种传统甜点名吃。用糖水拌和荸荠粉蒸制而成。荸荠，粤语别称马蹄，故名马蹄糕。其色茶黄，呈半透明，可折而不裂，撅而不断，软、滑、爽、韧兼备，味极香甜。马蹄糕以广州市泮溪酒家的最为有名，因其所处的泮塘盛产马蹄，该地所产的马蹄粉，粉质细腻，结晶体大，味道香甜，可以做成多种点心。

马蹄糕的制作

面点工作室

5.5.1 糕的种类

糕类，可分为印糕类、黏糕类和烘糕类3种。

1）印糕类

印糕类是用印模成形，块形小巧，表面印有特别的花纹图案，代表产品有绿豆糕。

2）黏糕类

大多数是糯米制品的特点是黏、润、柔软，代表产品有玉带糕、双炊糕。

3）烘糕类

烘糕类制品是先蒸制再经烘烤而成的。其特点是，体积紧实，含水量低，耐储藏。

5.5.2　糕类熟制方法和原理

糕类熟制加工包括烘烤、油炸、蒸制，少数有煮制和炒制等方法。成熟是制品的最后一关，稍有不慎，前功尽弃。

糕点熟制的原理：糕点成形后，不管是使用什么熟制方法，都是高温使糕点内部所含水分受热蒸发，淀粉受热糊化，疏松剂受热分解，面筋中的蛋白质受热变性而凝固，糕点体积增大，产品成熟。糕点在高温作用下发生焦糖化反应，使制品获得鲜艳的色泽，制品内的氨基酸在高温作用下产生特殊的芳香，整个熟制过程发生的一系列物理、化学变化都是通过加热产生的。

5.5.3　学学练练

1）训练原料和工具

原料：马蹄粉 250 克，白糖 500 克，牛奶 750 克，香草粉等适量，水 750 克，可可粉 25 克。主要原料如图 5.99 所示。

工具：电磁炉、平底锅、透明容器、打蛋器等。主要工具如图 5.100 所示。

图 5.99　主要原料　　　　　　　　图 5.100　主要工具

2）训练内容

马蹄糕的制作：

①用部分牛奶将马蹄粉溶解，搅拌至无干粉颗粒的粉浆，如图 5.101 所示。在剩下的牛奶中加入白糖、香草粉，放入锅中烧开，白糖溶化，如图 5.102 所示。

②将烧好的牛奶倒入马蹄粉浆中，搅至黏稠状，如图 5.103 所示。倒入透明容器中并放冰箱冷藏 10 小时，即成浅色马蹄糕，如图 5.104 所示。

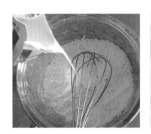
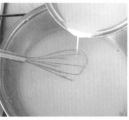
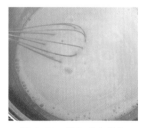
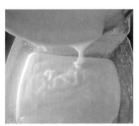

图 5.101　马蹄粉溶解　　图 5.102　白糖、香草粉、　　图 5.103　搅糊（白色）　　图 5.104　装坯
　　　　　　　　　　　　　　　　　牛奶烧开

③锅中加水并加入白糖、可可粉烧开，倒入马蹄粉浆，如图 5.105 所示。搅至黏稠，如图 5.106 所示。倒入透明容器中放冰箱冷藏 10 小时，制成深色马蹄糕，如图 5.107 所示。

图 5.105 制作深色马蹄糕　　　　图 5.106 搅至黏稠　　　　图 5.107 两种颜色的马蹄糕初坯

④将两种颜色的马蹄糕做成各种造型，如图 5.108 所示。

图 5.108 马蹄糕成品

3）操作要求

①马蹄粉的品质将直接影响马蹄糕的口感。

②尽量除净马蹄粉中的杂质。

③蒸马蹄糕的关键在于烫生粉浆的水温，水温以 80 ℃左右最佳。

④将半生粉浆倒入容器的时候尽量将表面抹平，以便成熟之后的马蹄糕表面平整，有利于整出不同的造型。如果倒入不同形状的容器，蒸出来的马蹄糕就会有不同的形状。

⑤马蹄糕蒸好之后，要彻底放凉了再倒出来，否则会不成形。

操 作 评 分 表

日期：_____年__月__日

	项目	考核标准	配分	备注
通用项配分（100分）	成团过程（30分）	操作流程规范，调面技法正确，原料使用合理		
	作品观感（50分）	香、软、糯、滑、鲜，造型精美，创意十足，选料考究，制作精良		
	上课纪律（10分）	服从指挥，认真学习，相互协作学习		
	安全卫生（10分）	制作过程整洁卫生，个人着装、卫生符合要求		
合计				
成功点		注意点		

评分人_____

🧁 佳作欣赏

如图 5.109 和图 5.110 所示。

图 5.109 马蹄糕

图 5.110 五彩豆糕

🧁 知识链接

糕类大多以米粉（糯米或粳米）、糖等原料经加工后蒸制或烘焙而成（不少品种制作是先蒸制后烘烤）。这类制品都是传统的中式点心，代表品种如香糕、火糕、麻糕、椒桃片、苔生片、云片糕和各种印糕等。

产品特点：外表坚硬紧密，体积小，质量大，经烘烤的品种内质松或有脆性，未经烘烤的品种口感软韧。制品成分中重糖轻油，保质期长，但夏季保存期一般在 1 个月以内。

🧁 拓展训练

试试制作多层马蹄糕。

讨论：1. 制作多层马蹄糕，如何防止串色?

2. 如何丰富马蹄糕的口感?

🧁 任务评价

马蹄糕训练评价表（A，B，C）			
评价方向／评价人	自我评价	小组评价	教师评价
数量			
大小			
色泽			
口感			

🧁 学习与巩固

1. 糕类产品特点有：外表坚硬紧密、_____、_____、_____等。代表品种有各种印糕、_____、_____、_____等。

2. 糕类品种分为 3 种，分别是：_____、_____、_____。

家校信息反馈表			
学生姓名		联系电话	
面点名称	马蹄糕	完成情况	
面点制作原料 及过程 （学生填）			
检查或品尝后 的建议	家长（夜自修教师）签名： 日期：		

🧑‍🍳 任务 6　团类的制作——金团、青团的制作

🧁 主题知识

　　金团是浙东一带城乡妇孺皆知的传统名点，也是宁波十大名点之一。由于制作精良，入口甜糯，价廉物美，深受群众喜爱。旧时，宁波有许多制作金团的糕团店，尤其以赵大有制作的龙凤金团最为有名，称"赵大有金团"。赵大有金团以龙凤金团最为出名。龙凤金团形圆似月，色黄似金，面印龙凤浮雕，有吉祥、团圆的寓意。花色金团如图 5.111 所示。

图 5.111　花色金团

金团的制作

📤 面点工作室

5.6.1　团的定义和特点

根据成品要求，将糯米粉和粳米粉按照一定的比例掺合成粉料，加入冷水调和成团，切成小块剂子，蒸熟，倒出趁热揉匀揉透（或者用搅拌机搅透拌匀）成团状，即成熟粉团，可以根据需要制作各种团类品种。

团类制品的特点：软糯、有黏性和弹性，如金团、青团、灰汁团等。

5.6.2　学学练练

1）金团的制作

（1）原料和工具

原料：金团粉 500 克，黄豆馅 300 克，冷开水 50 克，桂花粉 50 克，清水等适量。主要原料如图 5.112 所示。

工具：刮板、毛巾、汤碗、平盘、蒸笼等。

（2）制作方法

①制作黄豆馅，如图 5.113 所示，具体制作方法同豆沙馅。

②金团粉加水揉匀、揉透，切成小块剂子放入蒸笼内，蒸 20 分钟至粉团熟透，如图 5.114 所示。蒸熟的粉坯冷却至 70 ℃左右时，倒入面盆，手上粘少许冷开水揉成软糯有弹性的金团坯皮，如图 5.115 所示。

③取揉匀的金团坯皮包入 35 克黄豆馅心并粘上松花粉，用模具压印成金团，如图 5.116 所示。倒出压好的金团装盘，如图 5.117 所示。

图 5.112　主要原料

图 5.113　黄豆馅

图 5.114　金团剂子

图 5.115　熟金团坯

图 5.116　上馅并粘上松花粉

图 5.117　龙凤金团

2）青团的制作

青团，又称清明果，创于宋朝，是清明节的寒食名点之一，当时叫作"粉团"。青团是我国江浙一带清明节时的食品之一，因为其色泽为青绿所以叫作青团。

青团的制作

（1）原料和工具

原料：金团粉 300 克，清水 200 克，艾草泥 80 克，绵白糖 60 克，大豆油 45 克，红豆、芝麻、核桃馅 220 克，冷开水 40 克，糖桂花等。主要原料如图 5.118 所示。

工具：毛巾、蒸笼、平盘。

（2）制作方法

①红豆用水泡胀、泡透，煮成红豆泥（可用料理机打成细腻的红豆泥）。将核桃仁、芝麻炒熟，搅碎。将煮熟的红豆泥炒至水分基本收干，加入核桃仁、芝麻末、绵白糖、糖桂花，拌匀即成豆沙馅心，如图 5.119 所示。

②金团粉加水揉匀、揉透，放入蒸笼内，蒸 20 分钟，时间到后取出，待用，如图 5.120 所示。将馅心搓条，下切成重 10 克左右的剂子，搓圆待用，如图 5.121 所示。

③粉坯冷却至 70 ℃左右时，戴上一次性手套将 60 克绵白糖、40 克冷开水、30 克大豆油和 80 克艾草泥一起搅揉匀至上劲，如图 5.122 所示。为防粘连，可在搅揉时用 15 克油涂在一次性手套上。在干净的工作台上抹少许大豆油防粘连，戴上一次性手套，取 25 克揉匀的熟青团皮，包入 10 克馅心，捏紧收口搓成扁圆状，即成青团，如图 5.123 所示。

图 5.118　主要原料

图 5.119　芝麻核桃红豆馅

图 5.120　青团剂子

图 5.121　馅心

图 5.122　将熟青团和艾青泥调和均匀

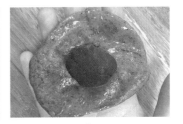

图 5.123　青团坯皮上馅

④将做好的青团整形装盘，如图 5.124 所示。

图 5.124　青团成品

3）操作要求

①金团须当天制作当天食用，做好的金团必须用保鲜膜包紧，以免吹干表皮。

②金团须均匀裹上松花粉，防止印模粘连。

③采用新鲜的嫩艾草叶，焯熟放凉。

④金团粉是糯米粉和粳米粉按照 3∶2 的比例混合而成，最好采用优质水磨糯米粉和粳米粉。

⑤将蒸好的粉团和艾草泥搅揉均匀至上劲，才能保证青团的口感。

操 作 评 分 表

日期：_____年__月__日

	项目	考核标准	配分	备注
通用项配分 （100分）	成团过程（30分）	操作流程规范，调面技法正确，原料使用合理		
	作品观感（50分）	金团薄馅多，口味甜糯，清香适口，青团色泽青绿，个圆光亮，入口香甜软糯		
	上课纪律（10分）	服从指挥，认真学习，相互协作学习		
	安全卫生（10分）	制作过程整洁卫生，个人着装、卫生符合要求		
合计				
成功点		注意点		
			评分人 _____	

佳作欣赏

如图 5.125 所示。

图 5.125 灰汁团

知识链接

灰汁团的制作

粳米粉（大米粉）500 克，冰糖 225 克，红糖 25 克，枧水（碱水）秋冬季 50 克，春夏季 75 克，大豆油 20 克，水 750 克。将红糖、冰糖、枧水用热水化开。将化开的水倒入锅中烧开，倒入粳米粉快速搅拌均匀。将烫熟的粳米粉面放在面板上揉透、揉匀。将揉好的粉团搓条、切成重 35 克的剂子，把剂子搓圆，上蒸笼蒸 1 小时，冷却后即可食用，是夏季消暑小吃。

🧁 拓展训练

分别试试按照不同配方调制金团粉，比较金团的不同。

讨论：1. 调制金团粉，为什么要上笼蒸熟?

2. 如果全部采用糯米粉制作金团和青团，会发生什么情况?

3. 试试用各种造型的模具制作金团、青团，比比哪种造型更漂亮。

🧁 任务评价

金团、青团训练评价表（A，B，C）			
评价方向 / 评价人	自我评价	小组评价	教师评价
数量			
大小			
色泽			
口感			

🧁 学习与巩固

1. 团类制品特点有：_____、_____、_____等。

2. 团类品种有：_____、_____、_____等。馅心可以采用_____、_____、_____等。

🧁 课后作业

家校信息反馈表			
学生姓名		联系电话	
面点名称	1. 金团 2. 青团	完成情况	
面点制作原料及过程（学生填）			
检查或品尝后的建议		家长（夜自修教师）签名： 日期：	

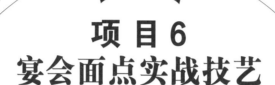

项目6
宴会面点实战技艺

项目介绍

　　宴会面点早在唐朝的《烧尾宴》中就已经出现，清代开始广泛用于宴会。宴会面点是在宴席中配备的面食点心，是宴席的重要组成部分。宴会一般由冷菜、热菜、面点和水果等几部分组成。面点在宴席中起着丰富品种、转换口味、突出主题、烘托气氛等作用，如寿宴中的寿桃包，喜宴中的汤圆、酒酿圆子、四喜饺、四喜卷等。随着餐饮业的不断发展，现代宴席"无点不成席"。

学习目标

◇了解宴席面点的概念和作用。

◇理解宴会面点配置要求。

◇熟悉几个地区常用的6～8种宴席面点的制作方法。

◇掌握宴席面点的装饰技巧。

任务1　广式面点——马拉糕的制作

主题知识

马拉糕是传统的广式点心。其特点是：气孔有3层，顶层气孔是直的，而底层气孔是横的，类似蛋糕。正宗马拉糕由面粉、鸡蛋、猪油、黄油混合发酵3天，发酵完成后放在蒸笼蒸制而成。茶楼内的马拉糕通常制成一大型圆状，切成小块销售。马拉糕呈金黄色，口感膨松、柔软，带有轻微的香味。若发酵足够，马拉糕的颜色会变成深褐色。简易的马拉糕制作方法是在松糕做法的基础上改良的。用黄糖、碱水，无须经过发酵程序，虽然制作省时，但松软程度稍低。

马拉糕的制作

面点工作室

6.1.1　宴会面点的配置要求

宴席面点作为宴席的组成部分，在具体的配置中，要适合宴席菜肴特点，与宴席档次高低、菜肴数量、季节、烹调方法等相协调，既要考虑宴席的整体性、均衡性、协调性、多样性，又要有面点独有的特点和风格。一般有以下配置要求：

①根据宴席的档次规格和数量合理配置面点。高档宴席，配备制作精细的面点；一般档次的宴席，配备一般的面点。宴席菜肴数量为8，10，12个菜一般配2~4道面点。

②根据宾客的饮食习惯、饮食风俗配置面点。南方人的饮食特点是"口味清淡、咸鲜带甜"，喜食新鲜、细嫩的食物，对面点的要求也比较讲究。北方人的饮食特点是"浓厚、油重、略咸"，喜食酥烂的面食。各民族由于生活习惯不同，饮食习惯各不相同。国际宾客饮食习惯也各不相同。如美国人喜欢吃烤面包、荞麦饼、蛋糕、冻甜点心等；意大利人喜欢肉馅春卷、意大利面片排等；法国人喜欢酥性点心、甜点等。

③根据设宴的主题配置面点。喜宴应配置带有喜庆特色面点，如四喜饺、龙凤金团等；寿宴应配置贺寿面点，如寿桃酥、松鹤延年等；金榜题名宴应配置祝贺面点，如状元糕、状元饼等。

④根据本地特产配置面点。各地因气候、地理环境不同，所出产的食物也各不相同。如南方多水，藕出产较多，有"藕粉圆子"；北方杂粮多，有"杂粮馒头""玉米饼"等。

⑤根据季节变化配置面点。夏季面点与清淡的菜肴相配，冬季面点与油重味浓的菜肴相配。

⑥根据烹调方法和菜肴口味配置面点。如烤鸭、烤鸡与蒸、烙的面点相配，清蒸菜肴与花色面点相配。口味甜的菜肴配甜点，口味咸的菜肴配咸点。如窝窝头配梅干菜扣肉，也可以配菜炒肉。

6.1.2　学学练练　马拉糕的制作

1）训练原料和工具

原料：低筋面粉200克（可做30块），即发干酵母，鸡蛋2只，白糖100克，红糖25克，吉士粉15克，泡打粉3克，小苏打3克，牛奶30克，黄油30克，清水等适量。主要原料如图6.1所示。

工具：蒸笼、纸杯等。主要工具如图6.2所示。

图6.1　主要原料

图6.2　主要工具

2）制作方法

①将鸡蛋和白糖、红糖放入搅拌桶中，如图6.3所示。中速搅拌5分钟起泡，如图6.4所示。

②加入融化的黄油和吉士粉高速搅拌1分钟，如图6.5所示。加入牛奶中速搅拌至混合均匀，如图6.6所示。

③加入低筋粉、即发干酵母、泡打粉和小苏打拌匀，如图6.7所示。倒入纸杯至七分满，如图6.8所示。

图6.3　鸡蛋和糖混合均匀

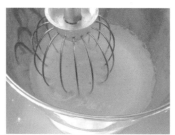

图6.4　搅拌至起泡

图6.5　加入黄油搅拌均匀

图6.6　加入牛奶搅拌均匀

图6.7　加入低筋面粉和泡打粉

图6.8　装杯

④上笼蒸制15分钟，如图6.9所示。出笼放凉即可装盘，如图6.10所示。

图 6.9　上笼蒸制

图 6.10　马拉糕成品

3）操作要求

①调和马拉糕粉浆时，泡打粉不能和面粉、鸡蛋、糖一起加入调和。因为泡打粉遇水后立即产生二氧化碳，失去效力，影响马拉糕的松软性，所以要最后放泡打粉。

②马拉糕的主要材料是面粉、黄油、鸡蛋、猪油和酵母，经过发酵后，再放到蒸笼里蒸熟。

③经过发酵的马拉糕呈金黄色，一般发酵时间为3天，待马拉糕变成深褐色再放到蒸笼去蒸，即可做出口感膨松的马拉糕。现在，通常采用即发干酵母和泡打粉快速发酵、红糖增色的做法，做出来的马拉糕口感稍差。

操 作 评 分 表

日期：＿＿＿＿年＿＿月＿＿日

	项目	考核标准	配分	备注
通用项配分（100分）	成团过程（30分）	操作流程规范，调面技法正确，原料使用合理		
	作品观感（50分）	色泽褐红，松软甜香，带有鸡蛋的香味		
	上课纪律（10分）	服从指挥，认真学习，相互协作		
	安全卫生（10分）	制作过程整洁卫生，个人着装、卫生符合要求		
合计				
成功点		注意点		
			评分人 ＿＿＿＿＿＿	

🧁 佳作欣赏

如图 6.11 所示。

图 6.11　梅花杯

🧁 知识链接

梅花杯的制作方法

梅花杯，又称为"开花包"，制作方便、快捷。其原料为：低筋粉 300 克，澄粉 75 克，绵白糖 250 克，鸡蛋 2 只，黄油 60 克，椰浆 1 瓶（250 克），泡打粉 20 克，白醋 20 克。先将黄油放在碗中隔着热水融化，所有粉类混合过筛，倒入容器中，加入椰浆，拌匀，注意不要过度搅拌，以免上劲。然后依次将鸡蛋清、黄油、白醋缓缓倒入面糊中混合均匀。再将调制好的面糊装入裱花袋，挤入一次性纸杯（七分满）。上笼用旺火蒸制 15 分钟。成品特点：色泽洁白，状如开花，口感绵软香甜，有椰香味。

🧁 拓展训练

试试加入不同配料（如葡萄干等）调制马拉糕。

讨论：1. 调制马拉糕时，为什么采用泡打粉？

2. 如果不加红糖，会发生什么情况？

🧁 任务评价

马拉糕训练评价表（A，B，C）			
评价方向/评价人	自我评价	小组评价	教师评价
数量			
大小			
色泽			
口感			

🧁 学习与巩固

1. 宴会面点早在唐代的_____中出现。面点在宴席中起着_____、_____等作用。

2. 宴会面点一般有以下 6 点配置要求：根据烹调方法和菜肴口味_____、_____、_____、_____、_____、_____来配置面点。

课后作业

家校信息反馈表			
学生姓名		联系电话	
面点名称	马拉糕	完成情况	
面点制作原料及过程（学生填）			
检查或品尝后的建议	家长（夜自修教师）签名： 日期：		

任务 2　苏式面点——灌汤包的制作

主题知识

灌汤包是传统的苏式点心，其馅心几乎由汤制作而成，是名副其实的汤包。汤馅选料严谨，工艺独特，皮薄而不破，汤满而不溢，肥厚鲜美，别具一格。文楼汤包是典型的灌汤包，是江苏淮安地区一道著名的汉族小吃，始于清道光年间，因淮安古镇文楼而得名。

灌汤包的制作

面点工作室

6.2.1　宴会面点的装饰原料

宴席面点的装饰是运用围边、点缀等方法对宴会面点进行美化的工艺过程。用于装饰的原料一般选用色泽鲜明、便于塑形的可食性原料，主要有各式水果、船点、巧克力、糖艺、面塑等。

6.2.2　学学练练　灌汤包的制作

1）训练原料和工具

原料：面粉1 000克，温水600克，猪五花肉700克，皮冻（肉皮、老母鸡、猪骨熬制而成）280克、酱油40克，猪油100克，盐、葱、姜、绵白糖等适量。主要原料如图6.12所示。

工具：蒸笼、擀面杖、刮板、馅挑等。主要工具如图6.13所示。

图6.12　主要原料

图6.13　主要工具

2）训练方法

①熬制皮冻。将老母鸡洗净切块，将猪肉皮、猪骨洗净，将猪肉切成0.3厘米厚的大片。锅内换清水，放入鸡肉块、猪肉皮、猪肉、猪骨等用大火煮开，待猪肉六成熟时捞出，晾凉后切成0.3厘米大的丁。老母鸡八成熟时捞出拆骨，也切成0.3厘米大的丁。其余原料煨至肉皮烂时捞出绞成蓉泥，再次倒入原汤中熬制，把肉汤去猪骨并过滤，撇去浮沫。继续煮至汤汁稠浓（用勺舀起不断丝），放入猪肉丁、鸡肉丁，再撇去浮沫，放入葱姜末、料酒、盐、酱油、绵白糖等调味。再次烧沸即可将汤馅均匀地装入4只盆中（盆底垫空以利散热），用筷子不停搅动，使馅料不沉底。汤馅冷却凝成固体后，用手在盆内将汤馅揉碎，如图6.14所示。

②制作皮冻馅。将皮冻加入调好的生肉馅中，冷藏待用。

③调面。将面粉900克倒入盆内，用400克冷水溶化7.5克食盐，加适量食用碱，少量多次倒入，将面粉拌成颗粒状，再揉成团，置案板上边揉边叠，每叠一次在面团接触面蘸少许水，如此反复多次揉至面团由硬回软，搓成粗条，盘成圆形，盖上干净的湿布饧5分钟，如图6.15所示。将饧好的面团搓成条，摘成每只重约15克面剂，每只面剂撒少许面粉，用擀面杖擀成直径17厘米、中间厚、边缘薄的圆形面皮，如图6.16所示。

图6.14　皮冻

图6.15　面团

图6.16　下剂擀皮

④包制。左手拿皮，右手挑入馅料100克，收拢面皮，左手托住，右手前推收口，摘去尖头，即成灌汤包生坯，如图6.17所示。将灌汤包生坯放入蒸笼，每只灌汤包生坯间隔3.5厘米，如图6.18所示。

⑤蒸制成熟。将蒸笼置沸水锅上旺火蒸5分钟即熟，如图6.19所示。将盛灌汤包的盘子用沸水烫热抹干，取出灌汤包时右手五指分开，把灌汤包提起，左手拿盘子快速插入包子

底，每个盘子放 1 只灌汤包，如图 6.20 所示。食用时佐以姜末、香菜、香醋风味更佳。

图 6.17　包制

图 6.18　上笼

图 6.19　蒸制成熟的灌汤包

图 6.20　灌汤包成品

3）操作要求

①面团要揉均匀，皮要擀得薄而大。

②制馅前要先熬好皮冻。

③灌汤包包捏手法应熟练，灌汤包成熟后，抓灌汤包的动作要轻且快。

操 作 评 分 表

日期：_____ 年 __ 月 __ 日

	项目	考核标准	配分	备注
通用项配分（100分）	成团过程（30分）	操作流程规范，调面技法正确，原料使用合理		
	作品观感（50分）	包大皮薄，汤汁鲜美，爽滑不腻		
	上课纪律（10分）	服从指挥，认真学习，相互协作		
	安全卫生（10分）	制作过程整洁卫生，个人着装、卫生符合要求		
合计				
成功点		注意点		
			评分人 _____	

🧁 佳作欣赏

如图 6.21 所示。

图 6.21　蟹黄汤包

🧁 知识链接

苏式面点的形成及特点

苏式面点是指长江下游江浙一带制作的面点，以江苏为代表，故称苏式面点。苏式面点可分为宁沪、苏州、镇江、淮扬等流派，每个流派的面点各有特色。苏式面点重调味，味厚、色深、略带甜头，风味独特。馅心重视掺冻（即用鸡鸭、猪肉和肉皮熬制汤汁冷冻而成，使得面点成品汁多肥嫩，味道鲜美）。苏式面点讲究形态，苏州船点（用米粉调制面团，包馅制成的面点），形态多样，常见的有飞禽、走兽、鱼虾、昆虫、瓜果、花卉等，成品色泽鲜艳，形象逼真，栩栩如生，被誉为精美的艺术食品。苏式面点的主要代表品种有翡翠烧卖、淮安文楼汤包、扬州富春茶社的三丁包等。

🧁 拓展训练

试试加入不同的配料如肉皮、鸡丁、肉块、蟹黄、虾米、竹笋等制作灌汤包。

讨论：1. 调制灌汤包馅心，为什么要采用肉皮、骨头？

　　　2. 如果采用发酵面坯，会发生什么情况？

🧁 任务评价

灌汤包训练评价表（A，B，C）			
评价方向 / 评价人	自我评价	小组评价	教师评价
数量			
大小			
色泽			
口感			

🧁 学习与巩固

1. 宴席面点的装饰是运用_____、_____等方法对宴会面点进行美化的工艺过程。

2. 宴会面点常用的装饰原料有：_____、_____、_____、澄面、面塑等。

3. 灌汤包的特点有：_____、_____、_____。

课后作业

家校信息反馈表			
学生姓名		联系电话	
面点名称	灌汤包	完成情况	
面点制作原料及过程（学生填）			
检查或品尝后的建议	家长（夜自修教师）签名： 日期：		

 任务3　苏式面点——千层油糕的制作

 主题知识

扬州三绝是指三丁包、翡翠烧卖、千层油糕。千层油糕的特点是：色彩美观，绵软甜润，层次清晰。扬州厨师继承了古代千层馒头色白如雪、揭之数层的传统技艺，创制出绵软甜润的千层油糕，成为扬州传统名点。现在，富春茶社制作的菱形块油糕，呈白色，半透明，糕面红白相间，令人赏心悦目。

千层油糕的制作

 面点工作室

6.3.1　宴会面点的装饰技法和分类

宴席面点的装饰技法很多。大体上可以分为4类：运用色彩搭配对比，运用面点的形态变化，运用器皿的形状、色泽衬托，运用面点本身的色泽、形状拼摆。

宴席面点的装饰分类以图案和外观形态来分，主要有自然形态、象形形态、几何形态；以成形手法来分，主要有手工、印模等手法；以成品装饰、装盘图形来分，主要有立体、平面、平面立体结合3种图形。

6.3.2　学学练练　千层油糕的制作

1）训练原料和工具

原料：面粉 650 克，酵面 500 克，猪板油 300 克，白砂糖 800 克，红、绿瓜丝 35 克，食用碱 5 克，熟猪油 150 克，清水等适量，主要原料如图 6.22 所示。

工具：蒸笼、刮板、擀面杖、馅挑、片刀等，主要工具如图 6.23 所示。

图 6.22　主要原料　　　　　　　　图 6.23　主要工具

2）训练方法

①猪板油去膜，切成 0.6 厘米见方的丁，用 150 克白砂糖拌匀，腌制 3 天成糖板油丁，如图 6.24 所示。

②用沸水化开食用碱，加入酵面中揉匀，摘成核桃大小的块。取 500 克面粉放在案板上，中间开窝，倒入 40 ℃左右的温水 450 克，与酵面混合揉成有韧性的面团，饧面约 10 分钟，如图 6.25 所示。

③先取 50 克面粉撒在案板上，放上饧好的面团，揉至表面不粘手时，用擀面杖擀成长约 2 米、宽约 30 厘米、厚约 0.3 厘米的长方形面皮，一边擀一边撒干面粉，以防止粘连，如图 6.26 所示。然后在面皮上涂抹一层熟猪油，均匀地撒上 650 克白砂糖，再铺上糖板油丁，如图 6.27 所示。

④从右向左卷叠成 16 层的长条形，如图 6.28 所示。将叠好的面轻轻翻面，横放在案板上，用擀面杖轻轻压一遍，以防止脱层，如图 6.29 所示。

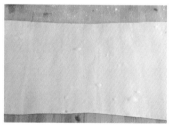

图 6.24　糖板油丁　　　　　图 6.25　发酵面团　　　　　图 6.26　擀成长方形面皮

图 6.27　放上辅料　　　　　图 6.28　卷叠 16 层　　　　　图 6.29　按压

⑤先将白面团由中心向四周一边压一边擀成长约1米、宽约25厘米的长方形，再将左右两端各折回一点并压紧，以防蒸时漏出糖油，如图6.30所示。对叠4折，然后用擀面杖轻轻压成边长为30厘米的正方形油糕坯，每折16层，共64层，如图6.31所示。

图6.30 擀开两头折进

图6.31 对叠4折（共64层）

⑥在蒸笼上垫湿布，两手捧入油糕坯并拍平糕面，均匀地撒上红、绿瓜丝，盖上盖，二次饧发约30分钟，置沸水锅上大火蒸约45分钟，如图6.32所示。将蒸熟的千层油糕倒在竹匾上晾凉，用刀修齐4边，切成菱形块，即可装盘，如图6.33所示。

图6.32 上笼蒸制

图6.33 千层油糕成品

3）操作要求

①千层油糕面团中酵面的比例应视季节不同有所变化（夏季略少，冬季略多），酵面用量过大影响层次，食不爽口，用量过少则吃口发硬。

②面粉一定不能有结块或砂糖粒，制作前需要将面粉过筛。

③擀制叠层时，面皮要厚薄一致。

④蒸糕时，不能随意搬笼和晃动，必须一次性蒸熟，否则成品影响分层，吃口黏牙。

操作评分表

日期：_____年__月__日

	项目	考核标准	配分	备注
通用项配分（100分）	成团过程（30分）	操作流程规范，调面技法正确，原料使用合理		
	作品观感（50分）	色彩美观，绵软甜润，层次清晰		
	上课纪律（10分）	服从指挥，认真学习，相互协作		
	安全卫生（10分）	制作过程整洁卫生，个人着装、卫生符合要求		
合计				
成功点		注意点		
			评分人 _____	

如图 6.34 所示。

图 6.34 米制品发糕

🧁 知识链接

大米发糕的制作方法

大米发糕是传统的大米发酵面点，色泽洁白，绵软甜润可口，是夏秋季的应时小吃，具有独特的风味和较高的营养价值。大米发糕在全国各地有不同配方和制作方法。一般制作大米发糕的方法为：大米粉适量，加白糖和冷水调成稀糊状，粉水比例为 1：2。隔水加热，其间要不停地搅动，直到米糊出现颗粒状的形态时即可。将少许酵母粉用温水调开，待米糊温度降到不烫手时，将酵母水倒入米糊中调匀，发酵 5 小时（夏季），当米糊的体积变大，表面有许多鱼眼泡时，在表面撒上熟芝麻，大火蒸 25～30 分钟即可。

🧁 拓展训练

试试用即发干酵母发酵制作千层油糕。

讨论：1. 调制千层油糕面团，采用即发干酵母发酵，情况如何？

  2. 如果面皮没刷油，会发生什么情况？

🧁 任务评价

千层油糕训练评价表（A，B，C）			
评价方向 / 评价人	自我评价	小组评价	教师评价
数量			
大小			
色泽			
口感			

🧁 学习与巩固

1. 面点中的"扬州三绝"是指＿＿＿＿＿＿、＿＿＿＿＿＿、＿＿＿＿＿＿。千层油糕的特点有：色彩美观、＿＿＿＿＿＿＿、＿＿＿＿＿＿＿。

2. 宴席面点的装饰技法很多。大体上分为以下 4 类：运用器皿的形状、色泽，运用品种本身的色泽、形状拼摆，＿＿＿＿＿＿＿，＿＿＿＿＿＿＿。

🧁 课后作业

家校信息反馈表			
学生姓名		联系电话	
面点名称	千层油糕	完成情况	
面点制作原料及过程（学生填）			
检查或品尝后的建议		家长（夜自修教师）签名： 日期：	

任务 4　京式面点——盘丝饼的制作

🧁 主题知识

京式面点起源于我国黄河以北的广大地区，包括山东、华北地区、东北地区、内蒙古地区等，其中，以北京为代表。除了四大面食外，京式面点的代表品种有：京八件、清油饼、都一处烧卖、狗不理包子、肉末烧饼、千层糕、猫耳面、艾窝窝等。京式面点的主要特点是：口味鲜咸，柔软松嫩，馅心多采用以水打馅，使馅心肉嫩多汁，具有独特风味。盘丝饼是在抻面的基础上发展起来的一种面点品种，面丝金黄透亮，酥脆咸香。

盘丝饼的制作

🧁 面点工作室

6.4.1　宴会面点的装饰注意事项

①装饰时要构思合理，宴席面点要与宴席菜肴协调一致，不喧宾夺主。

②应尽量使用天然色素，颜色对比度恰当，反差不宜太大。

③宴席面点要与季节相宜，与宴会主题相吻合，装饰品与器皿协调。

④注意制作过程的清洁卫生，制作成熟后不要久放，以防变质。

6.4.2 学学练练 盘丝饼的制作

1）训练原料和工具

原料：高筋面粉 400 克，白糖 16 克，盐 6 克，碱水 10 克，豆沙 200 克，散粉（糯米粉），色拉油 100 克，清水等适量。主要原料如图 6.35 所示。

工具：剪刀、油刷、平底煎锅等。主要工具如图 6.36 所示。

图 6.35　主要原料　　　　　　　　图 6.36　主要工具

2）训练方法

①将面粉放入盆内，加适量水、碱水、盐调制成软硬适宜的面团，如图 6.37 所示。握拳蘸清水捣揉使面团上劲，如图 6.38 所示。

②用抻面的方法溜条，如图 6.39 所示。拉成 11 扣面条，顺丝放在案板上，如图 6.40 所示。

③在面条上刷色拉油，每隔 7.5 厘米将面条切成小坯。取一段面条坯，从一头卷起来，包入豆沙馅，如图 6.41 所示。盘成直径约 4.5 厘米的圆饼，把尾端压在饼底，用手轻轻压扁，即成盘丝饼生坯，如图 6.42 所示。

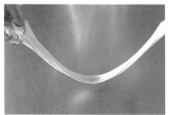

图 6.37　和面　　　　　　　图 6.38　揣面　　　　　　　图 6.39　溜条

图 6.40　出条　　　　　　　图 6.41　包馅　　　　　　　图 6.42　成形

④放入平锅内小火烙至两面呈金黄色即可捞出控油，如图6.43所示。装盘即成，如图6.44所示。

图6.43 烙制成熟

图6.44 盘丝饼成品

3）操作要求

①面条粗细一致。

②用小火慢慢煎熟。若火候过大，会造成盘丝饼外面焦了，里面还没熟。

操 作 评 分 表 日期：_____年___月___日				
	项目	考核标准	配分	备注
通用项配分（100分）	成团过程（30分）	操作流程规范，调面技法正确，原料使用合理		
	作品观感（50分）	面丝金黄透亮，酥脆甜香		
	上课纪律（10分）	服从指挥，认真学习，相互协作		
	安全卫生（10分）	制作过程整洁卫生，个人着装、卫生符合要求		
合计				
成功点		注意点		
			评分人 _____	

🧁 **佳作欣赏**

如图6.45所示。

图6.45 艾窝窝

🧁 知识链接

艾窝窝的制作方法

原料：白糖、熟芝麻、核桃仁、山楂糕、蒸熟的江米饭、面粉。首先将面粉放入蒸笼里，水开后蒸 15 分钟。为防止面粉在蒸的过程中被水蒸气浸湿，在盛面的容器上盖上一块干布。等面晾凉后，用擀面杖把面擀碎、擀细。将蒸过的面粉和白糖、熟芝麻还有碾碎的核桃仁搅拌均匀做成馅，把山楂糕切成小块状待用。取一勺蒸熟的江米饭，放在面粉上来回搓揉，使江米饭完全粘满面粉，按扁，上馅，包捏成馒头形，点缀切好的山楂糕，即成艾窝窝。

🧁 拓展训练

试试用泡打粉发面与油酥面叠制制作盘丝饼。

讨论：1. 调制盘丝饼面团，需要饧制多久？

2. 如果上锅油炸盘丝饼，会发生什么情况？

🧁 任务评价

盘丝饼训练评价表（A，B，C）

评价方向 / 评价人	自我评价	小组评价	教师评价
数量			
大小			
色泽			
口感			

🧁 学习与巩固

1. 京式面点起源于我国黄河以北的广大地区，以 _____ 为代表。盘丝饼是在 _____ 抻面的基础上发展而成，其特点是：_____，_____。

2. 宴席面点装饰的注意事项有：装饰时要构思合理，宴席面点要与宴席菜肴协调一致，不喧宾夺主，应该尽量使用天然色素，颜色对比度恰当，反差不宜太大。_____，_____。

🧁 课后作业

<table>
<tr><td colspan="5" align="center">家校信息反馈表</td></tr>
<tr><td>学生姓名</td><td></td><td>联系电话</td><td></td></tr>
<tr><td>面点名称</td><td>盘丝饼</td><td>完成情况</td><td></td></tr>
<tr><td>面点制作原料
及过程
（学生填）</td><td colspan="3"></td></tr>
<tr><td>检查或品尝后
的建议</td><td colspan="3">家长（夜自修教师）签名：
日期：</td></tr>
</table>

任务5　京式面点——银丝卷的制作

🧁 主题知识

银丝卷以制作精细、面内包以银丝缕缕而闻名，除蒸食外，还可入烤箱烤至金黄色，常作为宴会点心。银丝卷色泽洁白，入口柔和香甜，软绵油润。

🧁 面点工作室

学学练练　银丝卷的制作

1）训练原料和工具

原料：中筋面粉 500 克，即发干酵母 5 克，绵白糖 50 克，猪油 10 克，清水等适量。主要原料如图 6.46 所示。

工具：蒸笼、片刀、擀面杖、刮板等。主要工具如图 6.47 所示。

图 6.46　主要原料　　　　　图 6.47　主要工具

2）训练方法

①调制发酵面团，如图 6.48 所示。让面团饧发至 1.5 倍至 2 倍大，如图 6.49 所示。

②将饧发好的面团擀成长方形，分为一大一小两片，如图 6.50 所示。将其中大的长方形叠起切成细面条，如图 6.51 所示。

③将细面条刷油，卷入刷了油的另一半面片中，卷成筒状，如图 6.52 所示。再切成长 4~5 厘米的段状，即成银丝卷生坯，如图 6.53 所示。

图 6.48　调发酵面

图 6.49　发酵面团

图 6.50　长方形面片分半

图 6.51　切细面条

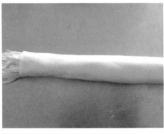

图 6.52　卷成筒状

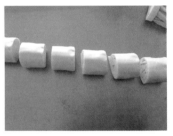

图 6.53　切段状

④将银丝卷生坯上笼进行二次饧发 20~30 分钟，如图 6.54 所示。置沸水锅上大火蒸约 15 分钟取出，装盘，如图 6.55 所示。

图 6.54　上笼蒸制

图 6.55　银丝卷成品

3）操作要求

①中间的细面条可以采用传统的拉伸方法。

②上面的面片最好厚 0.3 厘米以上。

③二次饧发到位，确保中间银丝的发酵。

④蒸制时，不能随意搬笼和晃动跑气，必须一次蒸熟，否则影响分层，成品吃口黏牙。

操 作 评 分 表

日期: _____年___月___日

	项目	考核标准	配分	备注
通用项配分 （100分）	成团过程（30分）	操作流程规范，调面技法正确，原料使用合理		
	作品观感（50分）	色彩美观，绵软甜润，层次清晰		
	上课纪律（10分）	服从指挥，认真学习，相互协作		
	安全卫生（10分）	制作过程整洁卫生，个人着装、卫生符合要求		
合计				
成功点		注意点		
			评分人 _____	

佳作欣赏

如图 6.56 和图 6.57 所示。

图 6.56　银丝卷 1

图 6.57　银丝卷 2

拓展训练

试试用拉面条手法制作银丝卷。

讨论：1. 调制银丝卷面团，采用即发干酵母发酵，情况会如何？

　　　2. 如果面皮不刷油，会发生什么情况？

任务评价

银丝卷训练评价表（A，B，C）

评价方向 / 评价人	自我评价	小组评价	教师评价
数量			
大小			
色泽			
口感			

🧁 学习与巩固

银丝卷以 _____、_____ 而闻名。其特点是：色泽洁白、
_____、_____、_____。

🧁 课后作业

家校信息反馈表			
学生姓名		联系电话	
面点名称	银丝卷	完成情况	
面点制作原料 及过程 （学生填）			
检查或品尝后 的建议	家长（夜自修教师）签名： 日期：		

任务6 港式面点——水果（芒果）班戟的制作

🧁 主题知识

班戟是一种用黄油在煎锅中烹制的薄煎饼，通常采用未经发酵的面皮制
作，属于快速烘焙面包。将班戟和芒果完美地结合在一起，芒果的香甜，
奶油的软滑，加上西式的薄饼，经过改良创造的班戟已经变成了经典的港式
点心。

水果（芒果）
班戟的制作

🧁 面点工作室

6.6.1 广式面点的形成与特点

广式面点是指珠江流域及南部沿海地区常见的面点，以广东为代表。广州是我国与海
外各国的通商口岸，经济贸易发达，面点的做法也吸取了部分西点技术，促进了广式面点
的发展。

广式点心的主要特点是：油糖蛋使用量大，品种繁多，款式新颖，口味清新多样，制作精细，咸甜兼备，造型各异，相映成趣，令人百食不厌。具有代表性的广式点心有：虾饺、叉烧包、鸡油马拉糕、马蹄糕、娥姐粉果、莲蓉甘露酥、蛋挞、荷叶饭、煲仔饭、芋头糕、萝卜糕、广式月饼等。

6.6.2 学学练练 芒果班戟的制作

1）训练原料和工具

原料：低筋粉 160 克，牛奶 500 克，鸡蛋 2 只，糖粉 40 克，黄油 15 克，淡奶油 1 瓶，细砂糖 15 克，芒果 1 个，清水等适量。主要原料如图 6.58 所示。

工具：平底煎锅、打蛋器、料理机、透明碗、刮板、片刀等。主要工具如图 6.59 所示。

图 6.58 主要原料

图 6.59 主要工具

2）训练方法

①糖粉加蛋黄液搅打均匀，如图 6.60 所示。加入牛奶再次搅拌均匀，如图 6.61 所示。

②先加入已过筛的低筋面粉，搅拌均匀，如图 6.62 所示。然后放入隔水融化的黄油，并搅拌均匀，如图 6.63 所示。

③将搅拌好的面糊放入冰箱冷藏半小时后取出。在平底锅涂上一层薄薄的黄油，小火加热，摊成班戟皮，如图 6.64 所示。把煎好的班戟皮倒出放凉备用（一面煎），如图 6.65 所示。

图 6.60 糖粉加蛋黄液

图 6.61 加入牛奶

图 6.62 加入过筛的低筋粉

图 6.63 加入黄油

图 6.64 摊面皮

图 6.65 煎好的班戟

④将淡奶油加细砂糖打发至湿性发泡，芒果改刀成长块，如图 6.66 所示。在班戟皮上放入适量打发好的淡奶油，先加一块芒果，再铺上一层淡奶油，包裹成四方形即成芒

果班戟，如图 6.67 所示。

图 6.66 打发的奶油和切好的芒果

图 6.67 芒果班戟

3）操作要求

①可以用榴莲、苹果、香蕉等其他水果做馅心。

②摊班戟皮时只煎一面，把没有煎的一面包在外面。

操作评分表

日期：_____年___月___日

	项目	考核标准	配分	备注
通用项配分（100分）	成团过程（30分）	操作流程规范，调面技法正确，原料使用合理		
	作品观感（50分）	色彩美观，绵软甜润，层次清晰		
	上课纪律（10分）	服从指挥，认真学习，相互协作		
	安全卫生（10分）	制作过程整洁卫生，个人着装、卫生符合要求		
合计				
成功点		注意点		
			评分人 _____	

🧁 佳作欣赏

如图 6.68 所示。

图 6.68 虾饺

🧁 知识链接

虾饺的制作方法

首先制作虾饺馅。将明虾去壳、去虾线并剁成蓉泥，马蹄切小丁，猪肥膘切小丁，调味拌匀。其次烫面，澄面和淀粉按 2 ：1 的比例混合均匀，用开水烫成粉团，加猪油揉透。用片刀压皮上馅，捏出 12 道皱褶，做成虾饺生坯，上笼蒸制 15 分钟即可。

🧁拓展训练

1. 试试用香蕉作馅心制作水果班戟。
2. 讨论：调制面糊时，如何去除面糊中的小颗粒？

🧁任务评价

水果班戟训练评价表（A，B，C）			
评价方向 / 评价人	自我评价	小组评价	教师评价
数量			
大小			
色泽			
口感			

🧁学习与巩固

广式面点是指_____和_____一带的面点，以_____为代表。广式面点的特点是：油糖蛋使用量大、应时迭出、_____、_____ 。广式面点的代表品种有：虾饺、娥姐粉果、_____、_____、_____等。

🧁课后作业

家校信息反馈表			
学生姓名		联系电话	
面点名称	水果班戟	完成情况	
面点制作原料及过程（学生填）			
检查或品尝后的建议	家长（夜自修教师）签名： 日期：		

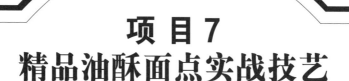

项目7
精品油酥面点实战技艺

项目介绍

面点的"创新"一直是人们讨论的热点话题，也是餐饮业中每一位技术人员追求的梦想。近几年，烹饪行业的"创新菜点"大赛，涌现了一批优秀的选手和作品。创新创意酥点是在传统油酥的基础上，改进一些技术工艺、手法，通过自创小模具，改良传统的油酥配方，使用更多的造型，制作出创新的明酥作品。这些明酥作品符合现代人的创新要求和比赛要求，也可以供给大型酒店作为宴会高档点心，新式花篮酥如图7.1所示。

图 7.1 新式花篮酥

学习目标

◇熟练掌握直酥和圆酥起酥方法和拼接方法。

◇熟练掌握起酥的技艺和操作要领。

◇掌握 7 道创新酥点的制作工艺。

任务 1　新式花篮酥的制作

主题知识

花篮酥因其外形典雅别致，造型美观，常在花色拼盘中使用。花篮酥是将花篮的形状运用到油酥制作上。新式花篮酥是经过多次改良的酥点作品，将直酥、圆酥和小卷酥结合在一个作品上。小卷酥就是直酥包卷，和榴莲酥类似，馅心细，卷起后比较精巧，可以做花篮手柄。整件作品设计精巧，酥层清晰，可以作为展台、大赛的创意酥点。

新式花篮酥
的制作

面点工作室

学学练练

1）训练原料和工具

（1）原料

①油酥。低筋粉 250 克，猪油 135 克。

②水油皮。中筋粉 280 克，猪油 40 克，盐 1 克，30 ℃的水 140 克，豆沙馅搓成每个 20 克重的丸子，鸡蛋 1 只，山楂条、糯米纸、清水等适量。主要原料如图 7.2 所示。

（2）工具

刮板、擀面杖、毛巾、大小毛刷、自制油炸平漏勺、长方形模具等。主要工具如图7.3 所示。

图 7.2　主要原料　　　　　　　　图 7.3　主要工具

2）制作方法

①和面，包酥。将低筋粉 250 克、猪油 135 克擦成油酥。将中筋粉 280 克、猪油 40 克、盐 1 克、30 ℃的水 140 克调成水油皮，饧 10 分钟。将饧好的水油皮包裹油酥，如图 7.4 所示。将包酥后的面团擀成厚度为 0.3 厘米的长方形薄片，如图 7.5 所示。

图 7.4　大包酥　　　　　　　　图 7.5　起酥

②把擀好的面片两头切平整，叠4折，如图7.6所示。再次擀成厚度为0.3厘米的长方形薄片，一头斜片一刀，刷上蛋黄液，卷成3厘米直径的圆筒，卷到尾部，用擀面杖把酥皮擀薄，接上一层水油皮，把接口处捏紧，如图7.7所示。

③将圆筒切成厚度为0.6厘米的圆片，刷上蛋黄液，贴上大小一致的圆形糯米纸，如图7.8所示。将酥层朝上，用刮板按压出12等分的纹路，如图7.9所示。

④起酥，制作直酥，制作方法同项目4中的花瓶酥的制作方法。运用自制长方形模具按压成长11厘米，宽5厘米的直酥皮，如图7.10所示。包入豆沙馅，捆上苔菜，即成花篮主体，如图7.11所示。

图7.6 叠酥

图7.7 卷圆酥

图7.8 贴糯米纸

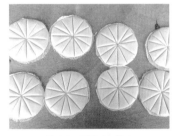
图7.9 圆酥12等分

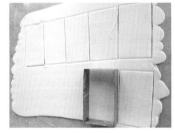
图7.10 下直酥皮

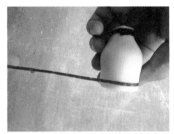
图7.11 花瓶酥坯

⑤将擀好的直酥皮擀成厚度为0.1厘米的直酥皮，制作成小卷酥。将山楂条卷入刷了蛋黄液的直酥反面卷成小卷酥，如图7.12所示。将小卷酥卷成花篮柄，接口用蛋黄液粘连，如图7.13所示。

⑥将圆酥反面刷蛋黄液，粘连在直酥花篮底座上，如图7.14所示。将小卷酥弯成的花篮柄装在花篮主体上，连接处用蛋黄液粘连即成花篮酥生坯，如图7.15所示。

图7.12 小卷酥

图7.13 花篮柄

图7.14 圆酥与直酥组装

图7.15 组装花篮酥

⑦锅内倒入色拉油，油温升至140 ℃，关火，下花篮酥生坯，如图7.16所示。静养至出酥层后，开中小火，油温升至150 ℃，待花篮酥炸至色泽淡黄，即可出锅控油装盘，如图7.17所示。

图 7.16 炸花篮酥

图 7.17 精品花篮酥

3）操作要求

①用蛋黄液的时候，将蛋黄打散即可，不需要打至起泡。

②包酥时要排尽空气，如果裹进太多空气，可以采用牙签戳破排去空气的处理方法。

③为了成品的效果，可以先做好直酥和小卷酥，弯成花篮柄后，再重新起酥做圆酥。

操作评分表

日期：_____年___月___日

项目		考核标准	配分	备注
通用项配分 （100分）	调面过程（30分）	操作流程规范，调面技法正确，原料使用合理		
	包酥过程（50分）	色泽淡黄，口感酥香，形似花篮，直酥、圆酥和小卷酥层次分明		
	起酥过程（10分）	服从指挥，认真学习，相互协作学习		
	两种暗酥的制作过程（10分）	制作过程整洁卫生，个人着装、卫生符合要求		
合计				
成功点		注意点		

评分人 _____

🧁 佳作欣赏

如图 7.18 所示。

图 7.18 花篮酥

📖 知识链接

油酥制作中最难操作的是酥层与酥层的拼接，花篮酥是由 3 种酥层经巧妙结合而成。为了 3 种酥层完美拼接，采用糯米纸、水油皮等粘贴层次反面，蛋黄液粘连各拼接处，排尽各处空气，以确保花篮酥的整体造型美观。

📖 课后练习

1. 试试单独制作小卷酥、直酥、圆酥。
2. 试试先将两种油酥拼接，运用不同油温进行定型。

📖 任务评价

新式花篮酥训练评价表（A，B，C）			
评价方向 / 评价人	自我评价	小组评价	教师评价
数量			
大小			
色泽			
口感			

👨‍🍳 任务 2　鞭炮酥的制作

📖 主题知识

鞭炮又称爆竹、爆仗、炮仗，唐代时写作"爆竿"，南方各地又称为纸炮、响炮。如果把许多单个的爆竹联结成串，则叫作鞭炮、响鞭、鞭。南朝梁代宗懔《荆楚岁时记》记载："正月一日，鸡鸣而起。先于庭前爆竹，以避山臊恶鬼。"鞭炮酥是参照鞭炮的造型制作的酥点，采用直酥包卷和小卷酥结合，鞭炮的馅心可以采用香蕉、莲蓉、火腿等，鞭炮引火部分用小卷酥制作而成，同时露出小部分山楂条，酷似鞭炮。整件作品制作巧妙，酥层清晰，创意十足。

鞭炮酥的制作

📖 面点工作室

学学练练

1）训练原料和工具

（1）原料

①油酥。低筋粉 250 克，猪油 135 克。

②水油皮。中筋粉 280 克，猪油 40 克，盐 1 克，30 ℃的水 140 克，莲蓉馅搓成每个重 20 克的球，鸡蛋 1 只，山楂条、糯米纸等适量。主要原料如图 7.19 所示。

（2）工具

刮板、擀面杖、毛巾、大小毛刷、自制油炸平漏勺、长方形模具等。主要工具如图 7.20 所示。

图 7.19 主要原料

图 7.20 主要工具

2）制作方法

①和面，包酥。将 250 克低筋粉、135 克猪油擦成油酥。将 280 克中筋粉，40 克猪油，1 克盐，140 克 30 ℃水调成水油皮。饧 10 分钟，用水油皮包裹油酥，如图 7.21 所示。将包裹严实的面团擀成 0.3 厘米厚的长方形薄片，如图 7.22 所示。

②两头切平整，叠酥。再次擀成 0.3 厘米厚的长方形薄片，再叠 4 折，如图 7.23 所示。将擀好的油酥对半切开，刷蛋黄液，叠高，如图 7.24 所示。

③将水油皮擀薄，将油酥切成厚 0.8 厘米的片，将刷蛋黄液的酥层朝上进行叠酥，再切 0.1 厘米厚两片叠酥，如图 7.25 所示。将厚酥拼接片擀成 0.2 厘米厚的片状，运用自制的长方形模具按压成直酥皮，酥层纵向，横酥包入莲蓉馅，如图 7.26 所示。

图 7.21 包酥

图 7.22 擀酥

图 7.23 起叠酥

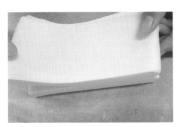
图 7.24 叠酥

图 7.25 排直酥

图 7.26 直酥包馅

④将 0.1 厘米厚、两片叠的排酥用擀面杖尽量擀薄，如图 7.27 所示。制作小卷酥，将山楂条卷入刷了蛋黄液的直酥反面，对半切开，两头露出山楂条，小卷酥每段长 2~3 厘米，

如图 7.28 所示。

⑤将小卷酥刷蛋液粘连在鞭炮酥主体上，即成鞭炮酥生坯，如图7.29所示。油锅上火，倒入色拉油，油温升至140 ℃，关火，下鞭炮酥生坯，静养至出层次后，开中小火，油温升至150 ℃，将鞭炮酥炸至淡黄色，如图7.30所示。

⑥出锅，控油装盘。鞭炮酥成品如图 7.31 和图 7.32 所示。

图 7.27 小直酥

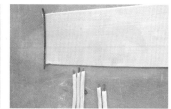

图 7.28 小卷酥

图 7.29 组装鞭炮酥

图 7.30 炸制鞭炮酥

图 7.31 鞭炮酥成品 1

图 7.32 鞭炮酥成品 2

3）操作要求

①一般采用香蕉等水果馅，下锅成形快，不易脱馅，口感好，营养丰富。

②起酥时，要排尽空气，可以采用牙签戳破排去空气的处理方法。

③为了快速制作酥点，可以采用广式排酥法。将酥皮制作好后放冰箱冷冻，随用随取。

<table>
<tr><td colspan="6" align="center">操 作 评 分 表　　　　日期：_____年___月___日</td></tr>
<tr><td colspan="2" align="center">项目</td><td align="center">考核标准</td><td align="center">配分</td><td align="center">备注</td></tr>
<tr><td rowspan="4">通用项配分
（100 分）</td><td>调面过程（30 分）</td><td>操作流程规范，调面技法正确，原料使用合理</td><td></td><td></td></tr>
<tr><td>作品观感（50 分）</td><td>色泽淡黄，口感酥香，形似鞭炮，直酥、小卷酥层次分明</td><td></td><td></td></tr>
<tr><td>上课纪律（10 分）</td><td>服从指挥，认真学习，相互协作学习</td><td></td><td></td></tr>
<tr><td>安全卫生（10 分）</td><td>制作过程整洁卫生，个人着装、卫生符合要求</td><td></td><td></td></tr>
<tr><td colspan="2" align="center">合计</td><td></td><td></td><td></td></tr>
<tr><td colspan="2" align="center">成功点</td><td>注意点</td><td></td><td></td></tr>
<tr><td colspan="6" align="right">评分人 _____</td></tr>
</table>

 佳作欣赏

如图 7.33 所示。

图 7.33 小鸟酥

🧁 知识链接

　　为了增加油酥成品的口感和营养，可以在水油皮中添加鸡蛋，一般250克面粉加1只鸡蛋。而层酥类制品在调面过程不加鸡蛋，仅在油酥叠酥和接口处使用蛋黄液。大量的实践证明，实际使用中蛋黄液的连接效果强于蛋清，口感也比较酥脆。

🧁 课后练习

　　1.试试单独制作小卷酥、直酥。

　　2.试试先将两种油酥拼接，运用不同油温定型。

🧁 任务评价

鞭炮酥训练评价表（A，B，C）			
评价方向 / 评价人	自我评价	小组评价	教师评价
数量			
大小			
色泽			
口感			

🧑‍🍳 任务 3　新式柿子酥的制作

🧁 主题知识

　　柿子酥是根据柿子的造型制作的酥点。柿子酥的主要部件采用直酥。近些年来常常作为竞赛、美食节等酥点品种，因其造型形似柿子、小巧可爱而得名。新式柿子酥是在此基础上改良了柿柄部分，由圆酥和小直酥构成小巧典雅的柿柄，在色彩上也是采用可可粉加入油酥，从而达到柿柄原有的色彩。因其制作难度高，制作精巧，是油酥金牌作品。

新式柿子
的制作

7.3.1　训练原料和工具

1）原料

①油酥。低筋粉 250 克，猪油 135 克。

②水油面。中筋粉 280 克，猪油 40 克，盐 1 克，30 ℃的水 140 克。

③辅料。糯米纸若干，豆沙馅搓成球形，每个20克，鸡蛋1只，山楂条、可可粉等适量。主要原料如图7.34所示。

2）工具

刮板、擀面杖、毛巾、大小毛刷、自制油炸平漏勺、长方形模具等。主要工具如图 7.35所示。

图 7.34　主要原料　　　　　　　　图 7.35　主要工具

7.3.2　制作方法

①和面、包酥，将 250 克低筋粉、135 克猪油擦成油酥。将 280 克中筋粉，40 克猪油，1 克盐，140 克 30 ℃水调成水油皮。将 80 克油酥加入可可粉，分成如图 7.36 所示的 4 块团面。饧面 10 分钟，用白色水油皮包白色油酥，如图 7.37 所示。

②起酥，擀成长方形薄片，两头切平整，叠 4 折。再次擀成厚 0.3 厘米的长方形薄片，再叠 4 折，如图 7.38 所示。将擀好的油酥对半切开，刷蛋黄液，叠高，如图 7.39 所示。

③再次将水油皮擀薄，将油酥切成 0.8 厘米厚的片，刷上蛋黄液，酥层朝上叠酥，如图 7.40 所示。将排酥敲扁，擀开，用自制长方形模具按压直酥皮，如图 7.41 所示。

图 7.36　4 块团面　　　　　图 7.37　包酥　　　　　　图 7.38　起叠酥

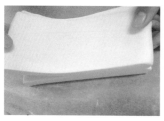

图 7.39　叠直酥　　　　　　图 7.40　排酥　　　　　　图 7.41　按酥皮

④将酥皮朝下，在没有层次的一面刷上蛋黄液，包入20克豆沙馅（可根据需要换成其他馅心），如图7.42所示。收紧接口并整成柿子形状，底部刷蛋黄液，粘上面粉，如图7.43所示。

⑤将小团水油皮包入咖啡色油酥，起叠酥，如图7.44所示。起叠酥方法与眉毛酥相同，酥层叠4折，擀开并卷成小筒直径约1.5厘米的长条形，边上贴一条水油皮，放入食品袋待用，如图7.45所示。

⑥将0.1厘米厚的排酥用擀面杖尽量擀薄，如图7.46所示。将山楂条卷入刷了蛋黄液的直酥反面，卷成圆柱形小卷酥，在接口处刷蛋黄液，一共卷4根，切成2.5厘米的长条待用，如图7.47所示。

图7.42 上馅

图7.43 柿子底部刷蛋黄液

图7.44 包酥

图7.45 制作圆酥贴水油皮

图7.46 擀制直酥薄片

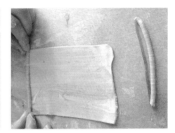

图7.47 小卷酥

⑦将卷好的小圆酥取出，切成0.2厘米厚的圆片，刷蛋黄液，贴一层圆形糯米纸，如图7.48所示。在酥层一面用卡片按压出4道纹路，如图7.49所示。

⑧组装。将圆酥片放在刷了蛋黄液的柿子顶端，压紧，如图7.50所示。用小毛刷在圆酥中间压一凹坑，刷上蛋黄液，装上小卷酥，即成柿子酥的生坯，如图7.51所示。

图7.48 圆酥片贴糯米纸

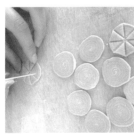

图7.49 擀开8等分

图7.50 组装柿叶

图7.51 组装柿柄

⑨锅内倒入色拉油，油温升至140 ℃，关火，下柿子酥生坯，静养至出层次后，开中小火，油温升至150 ℃，将柿子酥炸至淡黄色，如图7.52所示。即可出锅控油，装盘，如图7.53所示。

图 7.52 炸制

图 7.53 柿子酥成品

7.3.3 操作要求

①先做柿子酥主体部分，再做上面的小配件。

②组装动作须轻柔连贯，各个接口处均需刷蛋黄液，防止配件脱落。

③初炸柿子酥生坯时油温稍高，以便柿子柄部分定型，防止配件脱落。

④分两次起酥，动作要干净利落，防止酥皮脱落。

		操 作 评 分 表	日期：_____年__月__日	
	项目	考核标准	配分	备注
通用项配分（100分）	调面过程（30分）	操作流程规范，调面技法正确，原料使用合理		
	作品观感（50分）	酥层清晰，形似柿子，色彩搭配合理，尤其是柿子柄的部分，非常精致，含油量低，符合健康饮食理念		
	上课纪律（10分）	服从指挥，认真学习，相互协作学习		
	安全卫生（10分）	制作过程整洁卫生，个人着装、卫生符合要求		
合计				
成功点		注意点		
			评分人 _____	

🧁 **佳作欣赏**

如图 7.54 所示。

图 7.54 笋酥

知识链接

山楂条要尽可能切细，以方便制作小卷酥的叶柄，也可以做任何水果造型面点的叶柄。所有酥层与酥层之间的连接处须采用蛋黄液粘连，制品才不易散开。采用可可粉时，尽量加到油酥中，这样才能使酥层干净，做出来的成品颜色也更漂亮。

课后练习

1. 试试单独制作小卷酥、直酥、圆酥。
2. 试试先将两种油酥拼接，运用不同油温定型。

任务评价

柿子酥训练评价表（A，B，C）

评价方向 / 评价人	自我评价	小组评价	教师评价
数量			
大小			
色泽			
口感			

任务 4 茶壶酥的制作

主题知识

茶壶酥造型高雅，意境脱俗，在制作过程中需要分解成 4 个部分分别制作，即壶身（主干部分）、壶柄、壶嘴、壶盖。为了缩短制作时间，常常把壶柄、壶嘴、壶盖提前用澄面做好，仅仅起酥制作壶身。"壶身"可以采用直酥交叉、圆酥、直酥形式。"壶盖"可以采用圆酥或宣化酥形式。"壶柄、壶嘴"尽量采用开直酥，再"小卷酥"形式。为了缩短制作时间，茶壶酥可以全部用直酥完成 4 个部分的制作，成品兼顾直酥、卷酥的特点，作品看上去干净，酥层清晰。

茶壶酥的制作

面点工作室

学学练练

1）训练原料和工具

（1）原料

①油酥。低筋粉 250 克，猪油 135 克。

②水油皮。中筋粉 280 克，猪油 40 克，盐 1 克，30 ℃水 140 克。

③糯米纸若干，豆沙馅搓成每个重 20 克的球，鸡蛋 1 只，山楂条、可可粉、清水等适量。主要原料如图 7.55 所示。

（2）工具

刮板、擀面杖、毛巾、大小毛刷、自制油炸平漏勺、长方形模具、牙签、挖球器等。主要工具如图 7.56 所示。

图 7.55　主要原料

图 7.56　主要工具

2）制作方法

①和面，包酥。将 250 克低筋粉、135 克猪油擦成油酥。将 280 克中筋粉、40 克猪油、1 克盐、140 克 30 ℃水调成水油皮，用水油皮包油酥，如图 7.57 所示。起酥，擀开成长方形薄片，两头切平整，叠 4 折。再次擀成厚 0.3 厘米的长方形薄片，再叠 4 折，如图 7.58 所示。

②将擀好的油酥对半切开，刷蛋黄液，叠高，如图 7.59 所示。将水油酥皮擀薄，将油酥切成 0.8 厘米厚的片，刷蛋黄液，酥层朝上排酥，再切两片 0.2 厘米厚的薄酥片排酥，如图 7.60 所示。

③将 0.8 厘米厚的排酥敲扁，擀开，用自制长方形模具按压成直酥皮，如图 7.61 所示。将酥皮翻一面，刷蛋黄液，包入 20 克豆沙馅（可根据需要换成其他馅心），如图 7.62 所示。

图 7.57　包酥

图 7.58　起叠酥

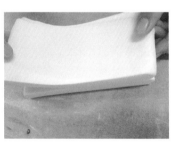

图 7.59　叠直酥

图 7.60　排酥

图 7.61　按酥皮

图 7.62　包馅

④将酥层朝外包入 20 克豆沙馅（可根据需要换成其他馅心），收口并整成花瓶形，如图 7.63 所示。用棉线或苔菜条捆绑，剪去上面多余的酥皮，做成茶壶壶身，如图 7.64 所示。

⑤将 0.2 厘米厚的排酥用擀面杖尽量擀薄，如图 7.65 所示。制作小卷酥，将山楂条卷入刷蛋黄液的直酥反面，卷成小卷酥在接口处刷蛋黄液，一共做 10 根。将整好的小卷酥斜切成 3~4 厘米的长条，一根弯成壶柄，一根做成壶嘴待用，如图 7.66 所示。

⑥将壶嘴刷上蛋黄液组装在做好的壶身上，如图 7.67 所示。在相对应的一侧刷蛋黄液，组装成壶柄，用牙签按牢，如图 7.68 所示。

图 7.63 整成花瓶形

图 7.64 茶壶身

图 7.65 制作小卷酥

图 7.66 斜切小卷酥

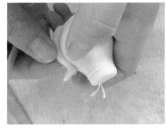
图 7.67 组装茶壶嘴

图 7.68 组装茶壶柄

⑦用圆形挖球器按压⑤制作小卷酥剩余的直酥做壶盖，并把挖成的壶盖，用蛋黄液粘在壶身顶端，如图 7.69 所示。用水油皮（或小卷酥一小节，或松子仁）做壶盖中心突出的部分，刷上蛋黄液粘连，即成茶壶酥生坯，如图 7.70 所示。

⑧锅内倒入色拉油，油温升至 125 ℃，下茶壶酥生坯，充分静养至出层次，转中小火，油温升至 150 ℃，如图 7.71 所示。将茶壶酥炸至淡黄色即可出锅，控油，装盘，如图 7.72 所示。

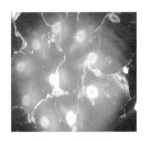
图 7.69 组装壶盖

图 7.70 装松子仁

图 7.71 炸制

图 7.72 茶壶酥成品

3）操作要求

①可以先做小配件，后做壶身。
②组装动作轻柔连贯。

③初炸茶壶酥生坯时，油温稍高，以便茶壶定型，可有效防止组装配件脱落。

④分两次起酥层，防止酥皮干裂脱落。

操 作 评 分 表

日期：＿＿＿＿年＿＿月＿＿日

	项目	考核标准	配分	备注
通用项配分 （100分）	调面过程（30分）	操作流程规范，调面技法正确，原料使用合理		
	作品观感（50分）	酥层清晰，尤其是壶柄和壶嘴部分异常精致， 含油量低，符合健康的饮食理念		
	上课纪律（10分）	服从指挥，认真学习，相互协作学习		
	安全卫生（10分）	制作过程整洁卫生，个人着装、卫生符合要求		
合计				
成功点		注意点		
			评分人 ＿＿＿＿＿＿	

佳作欣赏

如图 7.73 所示。

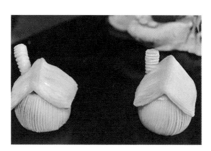

图 7.73　房子酥

知识链接

1. 采用山楂条作馅心，小卷酥容易成形，不易脱落。

2. 酥层与酥层之间的连接处采用蛋黄液粘连，才不易散开。

3. 小卷酥最好切得薄一些，以方便定型。

课后练习

1. 试试单独制作小卷酥、直酥、圆酥。

2. 试试先将两种油酥拼接，运用不同油温定型。

茶壶酥训练评价表（A，B，C）			
评价方向／评价人	自我评价	小组评价	教师评价
数量			
大小			
色泽			
口感			

任务5 荷花酥的制作

🧁 **主题知识**

　　荷花亭亭玉立，出淤泥而不染，历来是诗人吟诗作赋的好题材。如唐·李白"碧荷生幽泉，朝日艳且鲜"，又如隋·杜公瞻"灼灼荷花瑞，亭亭出水中"。荷花常常出现在中式菜肴作品中，点心作品荷花酥，是酥点中的传统作品。新式荷包酥制作方法突破了传统制作方法，采用这种方法还可以制作多种花卉造型。

🧁 **面点工作室**

学学练练

1）训练原料和工具

（1）原料

①油酥。低筋粉 250 克，猪油 135 克。

②水油皮。中筋粉 280 克，猪油 40 克，盐 1 克，30 ℃的水 140 克，莲蓉馅搓成每个重 20 克的球，鸡蛋 1 只，山楂条若干，糯米纸等。主要原料如图 7.74 所示。

（2）工具

　　刮板、擀面杖、毛巾、大小毛刷、自制油炸平漏勺、鸡心形模具等。主要工具如图7.75所示。

荷花酥的制作

图 7.74　主要原料

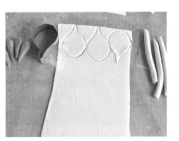

图 7.75　主要工具

2）制作方法

①和面，包酥。将250克低筋粉、135克猪油擦成油酥。将280克中筋粉，40克猪油，1克盐，140克30 ℃水调成水油面团，饧面10分钟，用水油面包裹油酥，如图7.76所示。将包酥后的面团擀成厚0.3厘米的长方形薄片，如图7.77所示。

②两头切平整，叠4折。再次擀成0.3厘米厚的长方形薄片，再叠4折，如图7.78所示。将擀好的油酥对半切开，刷蛋黄液，叠高，如图7.79所示。

③油酥擀薄，先切成0.8厘米厚的片，刷蛋黄液酥层朝上叠酥，再切成0.1厘米厚的两片进行叠酥，如图7.80所示。将厚酥拼接并擀酥，擀成约0.2厘米厚的片状，运用自制鸡心形模具按压酥皮，酥层纵向，横酥包入莲蓉馅，如图7.81所示。

图7.76 包酥	图7.77 擀酥	图7.78 起叠酥
图7.79 叠直酥	图7.80 排酥	图7.81 擀直酥

④将0.1厘米两片叠的排酥用擀面杖尽量擀薄，制作小卷酥，如任务4中的图7.65所示。用自制鸡心形模具按压酥皮并制作荷花莲蓬，如图7.82所示。莲蓬包莲蓉馅，接口朝下，用自制鸡心形模具按压荷花花瓣，如图7.83所示。

⑤将花瓣用蛋黄液粘连，组装在莲蓬四周，底部用圆形模具固定，即成荷花酥生坯，如图7.84所示。用同样的方法制作荷包酥，与制作好的小卷酥组装成荷包酥生坯，如图7.85所示。

图7.82 下荷包坯皮	图7.83 制作荷花莲蓬及花瓣	图7.84 组装荷花	图7.85 荷包酥

⑥锅内倒入色拉油，油温升至 140 ℃，关火，下油酥坯，静养至充分出层次后，开中小火，升温至 150 ℃，炸至淡黄色，如图 7.86 所示。捞出控油，装盘，如图 7.87 所示。

图 7.86　下锅炸制　　　　　图 7.87　荷花酥与荷包酥成品

3）操作要求

①尽量采用可以自由伸缩大小的自制鸡心形模具。

②荷花莲蓬和花瓣连接处采用蛋黄液牢固，防止炸制时配件脱落。

③荷包酥的长叶柄需要仔细固定。

操 作 评 分 表

日期：＿＿＿＿年＿＿月＿＿日

	项目	考核标准	配分	备注
通用项配分（100 分）	调面过程（30 分）	操作流程规范，调面技法正确，原料使用合理		
	作品观感（50 分）	形似荷花，酥层清晰，吃口香甜		
	上课纪律（10 分）	服从指挥，认真学习，相互协作		
	安全卫生（10 分）	制作过程整洁卫生，个人着装、卫生符合要求		
合计				
成功点		注意点		

评分人＿＿＿＿＿＿

🧁 佳作欣赏

如图 7.88 和图 7.89 所示。

图 7.88　花酥　　　　　图 7.89　玫瑰花酥

知识链接

美丽的花卉图案一直被广泛地运用在烹饪作品中。玫瑰花酥的制作是尝试使用油酥生坯来表现的。

课后练习

1. 试试单独制作小卷酥、直酥、圆酥。
2. 试试先将两种油酥拼接，运用不同油温进行定型。

任务评价

荷包酥训练评价表（A，B，C）			
评价方向/评价人	自我评价	小组评价	教师评价
数量			
大小			
色泽			
口感			

任务6　新式木桶酥的制作

主题知识

木桶酥是根据木桶的形状制作的酥点，一般采用直酥，上下用紫菜细条捆绑的形式，用巧克力雕刻成木桶的手柄，馅心可以采用奶油馅或水果馅等。新式木桶酥是用直酥和小卷酥结合制作而成的，木桶主体的馅心可以用香蕉、莲蓉、火腿等。采用直酥形式，木桶的手柄部分用小卷酥制作而成，炸制完毕后，木桶酥里可添加当地特色原料做成的馅，既具有当地面点风味特色，又有酥点精致工艺，可以作为技能大赛的创意酥点。

木桶酥的制作

面点工作室

学学练练

1）训练原料和工具

（1）原料

①油酥。低筋粉250克，猪油135克。

②水油皮。中筋粉280克，猪油40克，盐1克，30 ℃水140克，莲蓉馅搓成每个重20克

的球，鸡蛋1只，山楂条、糯米纸、苔菜、清水等适量。主要原料如图7.90所示。

（2）工具

刮板、擀面杖、毛巾、大小毛刷、自制油炸平漏勺、长方形模具等。主要工具如图7.91所示。

图 7.90　主要原料　　　　　　　　图 7.91　主要工具

2）制作方法

①和面，包酥。将250克低筋粉、135克猪油擦成油酥。将280克中筋粉、40克猪油、1克盐、140克30 ℃水调成水油面团，饧面10分钟，用水油面包裹油酥，如图7.92所示。将包酥后的面团擀成0.3厘米厚的长方形薄片，如图7.93所示。

②将两头切平整，叠4折。再次擀成厚0.3厘米的长方形薄片，再叠4折，如图7.94所示。将擀好的油酥对半切开，刷蛋黄液，叠高，如图7.95所示。

③水油面团擀薄，先将油酥切成0.8厘米厚的片并刷蛋黄液，酥层朝上叠酥，再切成0.1厘米厚的两片并叠酥，如图7.96所示。将厚酥拼接并擀酥，擀成约0.2厘米厚的片状，运用自制长方形模具按压直酥皮，酥层纵向，如图7.97所示。

图 7.92　包酥　　　　　　图 7.93　擀酥　　　　　　图 7.94　起叠酥

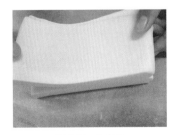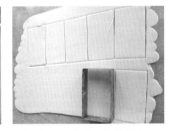

图 7.95　叠直酥　　　　　图 7.96　排酥　　　　　图 7.97　按压出木桶酥皮

④将酥皮没有纹路的一面刷上蛋黄液，包入莲蓉馅，如图7.98所示。将紫菜细条捆绑在木桶上腰处，如图7.99所示。

⑤将0.1厘米厚的两片叠在一起的排酥用擀面杖敲偏，擀薄，如图7.100所示。翻一面，

刷上蛋黄液，如图 7.101 所示。

⑥制作小卷酥，将山楂条卷入刷了蛋黄液的直酥，如图7.102所示。用片刀切出小卷酥，如图7.103所示。

图 7.98 上馅

图 7.99 绑苔菜

图 7.100 敲酥

图 7.101 刷蛋黄液

图 7.102 小卷酥

图 7.103 刀切小卷酥

⑦在小卷酥接口处刷蛋黄液，如图 7.104 所示。将小卷酥弯成木桶的手柄，将小卷酥刷上蛋黄液粘连在木桶主体上，即成木桶酥生坯，如图 7.105 所示。

图 7.104 小卷酥刷蛋黄液

图 7.105 木桶手柄

⑧将木桶酥生坯平放在自制的平底漏勺上，如图 7.106 所示。油锅上火，倒入色拉油，油温升至 140 ℃，关火，下木桶酥生坯，静养至充分出层次后，开中小火，油温升至 150 ℃，木桶酥炸至淡黄色，出锅控油，装盘，如图 7.107 所示。

图 7.106 组装木桶酥

图 7.107 木桶酥成品

3）操作要求

①可以采用香蕉等水果馅，下锅成熟更快，不易脱馅。

②木桶酥上面封口处贴糯米纸，可防止含油。

③为了手柄更形象，制作时要做粗一些。

<table>
<tr><td colspan="4" align="center">操 作 评 分 表</td><td colspan="2">日期：_____年__月__日</td></tr>
<tr><td rowspan="4">通用项配分
（100分）</td><td>项目</td><td>考核标准</td><td colspan="2">配分</td><td>备注</td></tr>
<tr><td>调面过程（30分）</td><td>操作流程规范，调面技法正确，原料使用合理</td><td colspan="2"></td><td></td></tr>
<tr><td>作品观感（50分）</td><td>色泽淡黄，口感酥香，形似木桶，直酥和小卷
酥层次分明</td><td colspan="2"></td><td></td></tr>
<tr><td>上课纪律（10分）</td><td>服从指挥，认真学习，相互协作</td><td colspan="2"></td><td></td></tr>
<tr><td colspan="2">合计</td><td></td><td colspan="2"></td><td></td></tr>
<tr><td colspan="2">成功点</td><td></td><td>注意点</td><td colspan="2"></td></tr>
<tr><td colspan="6" align="right">评分人 _____</td></tr>
</table>

佳作欣赏

如图 7.108 和图 7.109 所示。

图 7.108 山竹酥　　　　图 7.109 木桶酥

知识链接

明酥作品的酥层显露在外面，表面酥层清晰，层次均匀而不混酥、不破酥和露馅等。明酥制作技术要领是酥剂要按正，擀制时，要从里向外擀，用力适当，擀正擀圆，厚薄均匀，酥面整齐，纹路清晰的一面向外。

课后练习

1. 试试单独制作小卷酥、直酥。

2. 试试运用不同油温定型。

任务评价

木桶酥训练评价表（A，B，C）			
评价方向／评价人	自我评价	小组评价	教师评价
数量			
大小			
色泽			
口感			

任务7 香蕉酥的制作

主题知识

香蕉酥是江苏地区的小吃，口味纯正，形似香蕉，色泽金黄，酥脆香甜，一般采用松酥面团制作。先将油脂、绵白糖、蛋黄液、碳酸氢钠和适量的水充分搅拌，然后加入面粉继续搅拌均匀，面团软硬适中即可。起酥包馅后进烤箱烘烤，烤箱温度在250 ℃左右，烘烤时间7分钟左右，待香蕉酥表面呈金黄色即可出炉。随着直酥工艺的不断改进，现在采用内外直酥叠包馅心，形状上更形象，口感更酥脆。香蕉酥如图7.110所示。

香蕉酥的制作

图 7.110 香蕉酥

面点工作室

学学练练

1）训练原料和工具

（1）原料

①油酥。低筋粉250克，猪油135克。

②水油皮。中筋粉280克，猪油40克，盐1克，30 ℃水140克，豆沙馅搓成香蕉形，鸡蛋1只，山楂条、糯米纸、清水等适量。主要原料如图7.111所示。

（2）工具

刮板、擀面杖、毛巾、大小毛刷、自制油炸平漏勺、剪刀、长方形模具等。主要工具如图7.112所示。

图 7.111　主要原料

图 7.112　主要工具

2）制作方法

①和面，包酥。将250克低筋粉、135克猪油擦成油酥。将280克中筋粉、40克猪油、1克盐、140克30℃水调成水油面，饧面10分钟，用水油面团包裹油酥，如图7.113所示。将包酥后的面团擀成0.3厘米厚的长方形薄片，如图7.114所示。

②两头切平整，叠4折。再次擀成0.3厘米厚的长方形薄片，再叠4折，如图7.115所示。将擀好的油酥对半切开，刷蛋黄液，叠高，如图7.116所示。

③再次将水油皮擀薄，并切成0.2厘米厚的片，如图7.117所示。将直酥片擀成和厚纸差不多的薄片，如图7.118所示。

图 7.113　包酥

图 7.114　擀酥

图 7.115　起叠酥

图 7.116　叠直酥

图 7.117　切直酥薄片

图 7.118　擀直酥

④刷蛋黄液，贴上糯米纸，再刷蛋黄液，包上搓成香蕉形的豆沙馅，如图7.119所示。用小剪刀修去多余的水油皮，如图7.120所示。

⑤弯成香蕉形，如图7.121所示。再切两片0.2厘米厚的直酥薄片，擀薄如厚纸，两片相贴，如图7.122所示。

⑥用剪刀修去余料，制作香蕉剥皮的外壳，如图7.123所示。刷上蛋黄液，组装成香蕉酥外壳，将剥皮部分用蛋黄液粘连在尾部，即成香蕉酥生坯，如图7.124所示。

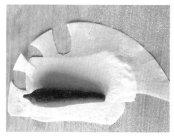

图 7.119 上馅

图 7.120 剪刀去除余料

图 7.121 整形成香蕉形状

图 7.122 香蕉外壳酥

图 7.123 修剪外壳

图 7.124 香蕉外壳组装

⑦油锅上火，倒入色拉油，油温升至 140 ℃，关火，下油酥，静养至充分出层次后，开中小火，油温升至 150 ℃，将香蕉酥炸至淡黄色，如图 7.125 所示。出锅控油，装盘，如图 7.126 所示。

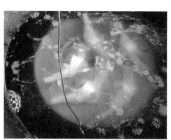

图 7.125 炸制

图 7.126 香蕉酥成品

3）操作要求

①成品形态如香蕉，色泽金黄，酥层清晰，无缺角，不变形。

②口味纯正，具有香蕉应有的香味。

③为了快速制作，可以采用广式排酥法。可一次性制作较多的酥皮放冰箱冷冻保存，随用随取。

	操 作 评 分 表	日期：_____年__月__日			
	项目	考核标准		配分	备注
通用项配分 （100分）	调面过程（30分）	操作流程规范，调面技法正确，原料使用合理			
	作品观感（50分）	色泽淡黄，口感酥香，具有香蕉特有的香味，形似香蕉，酥层分明			
	上课纪律（10分）	服从指挥，认真学习，相互协作			
	安全卫生（10分）	制作过程整洁卫生，个人着装、卫生符合要求			
合计					
成功点		注意点			
			评分人 _____		

🧁佳作欣赏

如图 7.127 ~ 图 7.130 所示。

图 7.127 海豚酥

图 7.128 松鼠酥

图 7.129 骏马酥

图 7.130 杏鲍菇酥

🧁课后练习

1. 试试单独制作香蕉酥内部和外壳。
2. 试试运用不同油温定型。

任务评价

香蕉酥训练评价表（A，B，C）			
评价方向 / 评价人	自我评价	小组评价	教师评价
数量			
大小			
色泽			
口感			

参考文献

［1］周文涌，竺明霞.面点技艺实训精解［M］.北京：高等教育出版社，
　　2009.

［2］施胜胜，林小岗.中式面点技艺［M］.3版.北京：高等教育出版社，
　　2021.

［3］王美.中式面点工艺［M］.2版.北京：中国轻工业出版社，2012.

［4］李永军.广东点心［M］.重庆：重庆大学出版社，2014.

［5］陈君.中餐面点基础［M］.重庆：重庆大学出版社，2013.

［6］段金枝.风味面点制作［M］.重庆：重庆大学出版社，2015.

［7］唐进，陈瑜.中式面点制作［M］.重庆：重庆大学出版社，2021.